教育部第四批“1+X”
皮肤护理职业技能等级证书配套教材

皮肤护理

基础知识、初级

哈尔滨华辰生物科技有限公司　组织编写
高文红　主编　　　李丽　毛晓青　副主编

化学工业出版社
·北京·

内容简介

本书为“1+X”皮肤护理职业技能等级证书配套教材，依据《皮肤护理职业技能等级标准》，通过岗位实践经验总结，技术技能的迭代及任务分析，形成了皮肤管理师职业必备的理论知识体系和规范的职业操作技能。

本书分为知识模块和实践模块两大部分。其中知识模块包括美容观、皮肤管理、皮肤概述及结构、皮肤生理功能、基础化妆品的应用等内容。实践模块包括皮肤的分型、辨识与分析，美容常见问题性皮肤——干燥皮肤等内容。教材编写突出产教融合、书证融通，内容全面体现了皮肤管理师实际工作需要具备的素养、知识和技能。

本书各章节设置有知识目标、技能目标、思政目标和思维导图，并配套建设有重点知识点和技能点的典型性、实用性优质课程资源包，通过扫描二维码可以随时观看。另外，还配备了丰富的职业技能训练题目及答案。

本书可供美容领域相关机构开展皮肤护理职业技能等级证书培训使用，也可作为职业院校相关专业师生用书，还可作为皮肤管理师与美容爱好者的自学用书。

图书在版编目（CIP）数据

皮肤护理：基础知识、初级/哈尔滨华辰生物科技有限公司组织编写；高文红主编. —北京：化学工业出版社，2022.5（2024.11重印）
教育部第四批“1+X”皮肤护理职业技能等级证书配套教材
ISBN 978-7-122-40947-8

Ⅰ.①皮…　Ⅱ.①哈…②高…　Ⅲ.①皮肤-护理-职业技能-鉴定-教材　Ⅳ.①TS974.1

中国版本图书馆CIP数据核字（2022）第042520号

责任编辑：李彦玲　　文字编辑：丁　宁　陈小滔
责任校对：田睿涵　　美术编辑：王晓宇

出版发行：化学工业出版社（北京市东城区青年湖南街13号　邮政编码100011）
印　　装：河北京平诚乾印刷有限公司
787mm×1092mm　1/16　印张$10^1/_2$　字数161千字　2024年11月北京第1版第4次印刷

购书咨询：010-64518888　　售后服务：010-64518899
网　　址：http://www.cip.com.cn
凡购买本书，如有缺损质量问题，本社销售中心负责调换。

定　　价：69.80元　

“皮肤护理职业技能”系列教材编写委员会

（排名不分先后）

“皮肤护理职业技能”系列教材审定委员会

（排名不分先后）

前言

培养什么人，是教育的首要问题。党的十八大以来，以习近平同志为核心的党中央高度重视教育工作，围绕培养什么人、怎样培养人、为谁培养人这一根本问题提出了一系列富有创见的新理念、新思想、新观点。习近平总书记还多次对职业教育作出重要指示，他强调在全面建设社会主义现代化国家新征程中，职业教育前途广阔、大有可为。

职业教育由此迎来了黄金时代。从2019年开始，国家在职业院校、应用型本科高校正式启动“1+X”证书制度试点工作，这是党中央、国务院对职业教育改革做出的重要部署，是落实立德树人根本任务、完善职业教育和培训体系的一项重要的制度设计创新。哈尔滨华辰生物科技有限公司依托三十余年深耕职业教育的积微成著，顺利入选为第四批职业教育培训评价组织。

随着经济社会的发展和消费市场需求的变化，传统的美容护肤教学已经不能完整体现复合型、创新型人才的培养目标，而皮肤管理是基于严谨的医学理论，从丰富的美容实践案例中凝炼出来的方法论。它不是手法、不是模式，而是对科学美容观的实践。如何使教材紧密对接产业人才需求，有机融入职业元素，凸显皮肤管理对科学美容观的实践内涵？由皮肤科专家、化妆品领域学者、企业导师和院校教师四方组成的编写团队深谙“唯有自尊可乐业，唯有自律可精业，唯有自强可兴业”的根本要义，将培训评价组织三十余年凝炼的30000余个皮肤管理实战案例转化为覆盖素养、知识和技能的培训课程体系，并将三者有机融合，以提升教材的应用性和适用性。

教材除了编写开发团队呈现多元特征以外，还映现出若干特点。一是思政导向更加鲜明，每个实践任务都有明确的思政目标，体现了人才培养的精神和素养要求；二是配套数字资源更加丰富，二维码技术的应用将视频和习题内容更加直观地呈现给学习者，在一定程度上缓解了传统教材配套资源更新慢与产业发展变化快之间的矛盾；三是教材的类型特征更加凸显，章节内容紧密对接行业企业真实工作岗位，突出了过程导向特点；四是教材主动对接行业标准、职业标准和职业院校教学标准，注重根据工作实际编排满足教学需要的项目和案例，体现了课证融通、书证融通的设计思路。

编者团队希望利用上述特点，将教材打造成学生可随身携带的工作手册和职业指南，而非单纯的考证复习用书，并通过推动“1+X”证书培训内容与社会需求以及企业服务实际相适应，实现美容业人才培养与社会需求紧密衔接，更重要的是能帮助考生获得专业自信和职业幸福感，让他们乐业、精业、兴业的职业理想在本书中可见、可感、可及。编者们还希望能依托皮肤管理技术技能的普及进一步优化美容业的价值体系、供需关系和商业模式，实现对社会美誉度和经济效益提升以及人才结构优化的价值预期。

本系列教材由哈尔滨华辰生物科技有限公司组织编写，高文红主编，李丽、毛晓青副主编，胡思云、张晓妍、史景辉、赵颖、徐毓华参编。本书的编写得到了清华大学第一附属医院、北京工商大学和多所职业院校的大力支持。教材内容历经数轮修改，充分吸收了各领域不同专家的意见，在此一并表示感谢。同时也要向关心和支持美容美体艺术专业发展建设的教育部职成司、教育部职教所等有关部门领导表达最诚挚的谢意。此外还要向报名参与皮肤护理“1+X”证书试点工作的院校师生们表示敬意，选择美的事业，将是你们人生中最美的选择。

本系列教材编写过程中借鉴了学术界的研究成果，参考了有关资料，但难免有疏漏之处。为进一步提升本书质量，恳望广大使用者和专家提供宝贵的意见和建议，反馈意见请发邮件至education@revacl.com，以便及时修订完善，不胜感激。

“1+X”皮肤护理职业技能等级证书配套教材编写委员会
2021年11月

目录

知识模块

实践模块

知识模块

- 第一章　美容观
- 第二章　皮肤管理
- 第三章　皮肤概述及结构
- 第四章　皮肤生理功能
- 第五章　基础化妆品的应用

第一章 美容观

【知识目标】

1. 了解科学美容观对皮肤管理的指导意义。
2. 熟悉科学美容观的重要性。
3. 掌握美容观的定义和科学美容观的具体构成。
4. 掌握皮肤管理的定义。

【技能目标】

1. 具备在皮肤管理中正确应用科学美容观的能力。
2. 具备指导顾客树立科学美容观的能力。

【思政目标】

1. 能够树立正确的世界观、人生观、价值观，塑造良好人格。
2. 能够树立积极向上的学习态度和自律严谨的职业精神。

【思维导图】

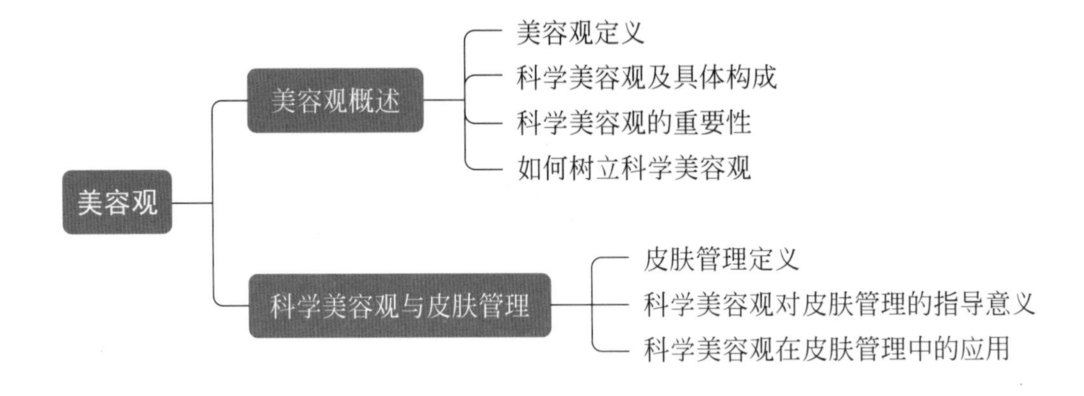

每个人都有自己的美容护肤观念，就像是每个人都有自己的人生观、价值观一样。有什么样的美容观就有什么样的护肤理念、护肤方法和护肤行为，而日常护肤习惯正确与否对肌肤有着深远的影响，所以正确的美容观是拥有完美肌肤的前提和基础。

第一节 美容观概述

一、美容观定义

美容观，是人们在认识与实践中形成的对于美容行为的目的和意义的根本看法，它决定着人们在美容实践中的目标、方向和方法，也决定着人们对待美容行为的态度。

美容观是通过人们美容行为的目的、对待美容的态度和美容行为后的结果三个方面体现出来的，具体表现为依托什么样的知识、利用什么样的方法、借助什么样的产品、依靠什么样的习惯去改善皮肤状态。它是一种护肤理念，也是人们对美容行为的基本看法和观点，其核心要素是知识、护理操作、产品和习惯。

美容观具有实践性，是伴随社会经济发展，特别是科技进步而不断更新、不断完善、不断优化的。

二、科学美容观及具体构成

科学美容观是指通过运用专业知识，养成良好的生活习惯，借助专业皮肤护理，使用安全、适合的产品实现皮肤的健康美和年轻态。其构成包括专业知识，专业护理，安全、适合的产品和良好的习惯。

1. 专业知识

专业知识包括美容皮肤学、化妆品学、皮肤辨识与分析、行为干预等。

2. 专业护理

专业护理是指通过皮肤管理师对皮肤的辨识与分析，依据顾客的皮肤状态，制定并实施辨证专业化的皮肤护理方案。

3.安全、适合的产品

安全、适合的产品，其中“安全”是指化妆品中没有添加对皮肤造成敏感、损伤的成分，不会给皮肤带来刺激与伤害；“适合”是指对个体有针对性地选择和使用化妆品，从而达到有效改善皮肤状态的效果。

4.良好的习惯

通过正确的行为干预，养成良好的生活习惯，保持皮肤的健康美。

三、科学美容观的重要性

1.建立科学美容观是拥有好皮肤的基础

科学美容观告诉我们，获得健康美丽的皮肤，离不开以下四个要素：正确护肤知识的掌握、皮肤管理师的指导、良好居家行为习惯的养成以及选择与使用适合自己皮肤的优质产品。而生活中，人们经常会有忽略以上要素的情况，比如，在没有任何指导的情况下，随意使用护肤品；平时不注意自己的居家行为习惯，过度的摩擦皮肤或饮食不健康；错误选择了护肤品等。以上问题经常会导致皮肤状态不仅得不到改善，反而会使情况加重甚至还会引起其他皮肤问题。因此，拥有科学美容观才是获得好皮肤的关键所在。

2.科学美容观是皮肤管理的主要依据

不同的美容观带来不同的美容行为。人们出现皮肤问题，大部分是由缺乏科学美容观的指导，长期运用错误的美容观管理皮肤而导致的。因此，皮肤管理师在制定皮肤管理方案前，需要帮助顾客建立科学的美容观，只有在统一、科学美容观的指导下，皮肤管理师制定的皮肤管理方案才能得到真正实施，顾客的皮肤才能得到真正改善。皮肤管理方案的制定是皮肤管理师根据顾客的皮肤状态、皮肤需求以及能够配合的行为管理，分阶段调理皮肤的过程，而这个过程，顾客都是最重要的参与者和学习者。科学美容观的建立是在顾客每一个阶段皮肤状态改善和效果提升时总结出来的。因为只有确认顾客在每一个阶段美容观都是正确、科学的，其皮肤管理方案才能得到有效实施，直至皮肤需求解决，并成为顾客长期的护肤指导准则，这样皮肤健康美的状态才可以长久地保持下去。

3.科学美容观对于不同人群的意义

（1）科学美容观对学习皮肤管理学生的意义

一方面，科学的美容观让学习皮肤管理的学生充分认识到，人们想要长期拥有健康美丽的皮肤离不开科学美容观的树立和皮肤管理师的指导，从而了解到学习和掌握专业技术的必要性与重要性。另一方面，科学美容观使学习皮肤管理的学生对美容行业的认识更加清晰，对于未来自我职业发展规划更有方向。

（2）科学美容观对美容从业人员的意义

科学美容观使美容从业人员通过专业技术帮助顾客解决皮肤需求，从而收获职业价值，建立职业自信。以往美容从业人员在指导顾客护理皮肤和解决皮肤需求时，往往注重的是方法而非美容观的统一，而后者恰恰是顾客参与调理皮肤，并且将健康、科学的观念融入生活，变为日常护肤行为指导的关键，更是从根本上解决皮肤问题、改善皮肤状态、收获健康美丽皮肤的核心要素。只有严谨并且坚持与顾客达成美容观一致，教会顾客树立科学美容观，帮助顾客彻底恢复皮肤健康功能，美容从业人员才能收获顾客的信任，也能真正依靠专业技术实现职业价值。

（3）科学美容观对顾客的意义

科学美容观使顾客远离美容误区，在科学美容观的指导下少走弯路。大多数顾客在日常居家护肤或者是进行美容院护理中，因为没有科学美容观的指导，会盲目相信和尝试不适合自己皮肤的护肤品或是护理项目，又或是护肤习惯和方法不正确使得皮肤状态不稳定，究其原因还是没有建立起科学美容观，没有将科学美容观融入日常护肤中，使之成为自己护理皮肤的指导准则。只有建立了科学美容观，才能够彻底解决皮肤问题，改善皮肤状态，达到理想的美肤效果。

4.科学美容观对行业健康发展有重要的推动作用

（1）树立科学美容观是推动行业转型升级的动力源泉

党的十九大提出，支持传统产业优化升级的同时，应重点加快发展第三产业，通过新模式、新平台、新业态、新领域、新优势等深刻内涵创新，推动形成全面开放的新格局。美容服务作为美丽健康产业的重要分支，年产值超过万亿元，为经济社会发展注入了强大动力，成为近几年第三产业经济发展的新亮点。

然而与万亿产值形成鲜明对比的是行业依然呈现“小、散、弱”的特点，即劳动密集型产业体现出低集中度的产业组织结构。究其原因，表面看是技术、服务、环境的整体落后，而深层原因还是百万从业者对于美容服务内涵的理解出现偏差，体现为专业知识的匮乏、产品研发的缺失和服务理念的错位。

产业转型升级有技术升级、市场升级、管理升级等多个途径。大多数人认为技术进步是核心要素，在引进先进技术的基础上消化吸收，并加以研究、改进和创新，建立属于自己的技术体系。但美容行业在经历了近十年的技术迭代（实际多为概念的炒作）后依然处于粗放经营、体系混乱、人才缺失的低质量发展阶段。

近几年，随着资本市场撬动和移动互联网技术的快速发展，美容行业的优胜劣汰进一步加快，科学的美容观在服务迭代过程中被广泛认知，其表现为在专业知识、理念和能力水平上迈上了新的台阶，伴随美容专业职业教育驶入快车道，科学美容观的普及将成为行业转型升级的动力源泉。

（2）弘扬科学美容观是实现创新发展的核心要素

十八大以来，我国经济发展的理念、方式、动力与过去发生了根本性的改变，从以人为本、可持续、全面、协调的科学发展观转型为当前创新、协调、绿色、开放与共享五大发展理念。当前第三产业对GDP的贡献一路攀升，科技创新与消费升级成为各个行业新的增长点。从发展来看，未来产业创新主要集中在通信技术、人工智能、机器人与智能制造、新材料、美丽经济等领域。

作为美丽经济的支柱产业之一，美容服务行业有望依托科学的美容观实现全面的创新发展。科学美容观以知识、操作、产品和习惯为核心要素，看似独立的四个要素之间存在紧密关联，如知识智造产品、产品支配操作、行为决定习惯、习惯更新认知。上述链条并非单向或双向发展，而是多维相互影响，其背后则是美容产业链、供应链、服务链的全面迭代和升级。这种迭代和升级将为产业变革释放出新的活力和创造力，更是倒逼美容产业高质量发展的核心要素。

（3）落实科学美容观是企业应对挑战的必然选择

当前，美容行业还未形成规模效应，百亿级的龙头企业凤毛麟角，导致产业发展不充分，核心竞争力不强。

近几年，大多具备一定潜力的企业盲目追求规模大、项目全，以及连锁化的扩张，忽视了服务标准和质量；而小规模企业因缺乏系统性的教育培训体系，知识和能力存在缺失，导致行业出现了规模以上企业大而不强，规模以下企业小而不精的现象。另一方面，当前经济增速放缓成为了加速行业洗牌和转型升级的“催化剂”，“免疫力”强的企业将主动迎合升级，“免疫力”弱的企业就会被加速淘汰，这也是马太效应在市场经济中的充分体现。

而在危机和挑战面前，企业的“免疫力”往往不是用资金和固定资产的多少来衡量的，而是指是否具备“通过聚焦消费痛点和难点，依靠精准服务实现可持续发展”的能力。这种能力是企业运营机制、管理体制优越性的体现，更是科学美容观、发展观的价值转化。

在科学美容观的四要素中，专业的知识是选择产品、指导操作、培养习惯的核心要素，也是实现可持续发展的动力输出。其余三要素则是解决顾客痛点、难点的服务输出形式，三者相辅相成，才是企业竞争力最直接的表现，也是企业护肤理念的对外传递方式。

在危机面前，拥有正确专业认知、具备良好操作技能、拥有严格产品标准、善于与顾客良性沟通的企业将更容易抵御风险和挑战，并在重重考验中逐渐发展成为行业的佼佼者。

四、如何树立科学美容观

想要树立科学美容观，首先要明确科学美容观包含三个方面内容：一是由皮肤管理师帮助顾客认识和了解自己的皮肤；二是改变导致皮肤问题的错误行为方式，建立正确规律的护肤习惯；三是正确选择适合的优质居家护肤产品。

树立科学美容观最重要的是要在皮肤管理师的指导之下，学习专业的皮肤管理知识，认识了解自己的皮肤，改变导致皮肤问题的错误行为方式，建立正确规律的护肤习惯，正确选择适合自己的优质居家护肤产品，从而收获健康美的皮肤状态。那么为什么要有皮肤管理师的指导？这就好比，一名专业优秀的服装设计师会根据您的身形量身定制适合您的衣服，她会根据您的尺寸以及您身材的特点，帮助您扬长避短，从而使设计出来的衣服精准地展现出您完美的身材。美容护肤亦是如此，需要皮肤管理师的帮助，这样才能收获健康美、年轻态的好皮肤。

【想一想】 什么是科学的美容观？

【敲重点】 1.美容观的定义。
2.科学美容观的具体构成。
3.科学美容观的重要性。

第二节　科学美容观与皮肤管理

一、皮肤管理定义

皮肤管理，是指围绕皮肤健康美的需求，经过科学的辨识与分析后，在不使用局限、指定的美容产品或美容仪器的情况下，通过专业的沟通和护理技术，以及一定程度的行为干预，使顾客皮肤得到改善并维持健康、良好状态的技术技能。

二、科学美容观对皮肤管理的指导意义

皮肤管理的理论与实践，是严格基于科学美容观“四要素”总结并实施的。

在知识层面，皮肤学理论认为世界上每个人的皮肤都具有差异性，一个人在对自身皮肤状态、问题没有正确认知的情况下，盲目进行美容护理是毫无意义的，甚至容易造成损伤。而皮肤管理是从皮肤辨识与分析开始，由皮肤管理师制定个性化的居家和院护方案，通过产品搭配、行为干预等多种方式形成的综合美肤管理体系，它是依托科学的知识体系来实现的。

在操作护理方面，完整的皮肤管理方案是由内而外实现的，它倡导专业化的技术服务理念，突出个体性、阶段性、系统性和长期性，力求在不破坏皮肤原有结构和功能的基础上，通过不手术、不开刀的方法，运用专业系统化的美肤方案改善皮肤各项机能，并恢复和增强皮肤的健康功能。

在产品方面，皮肤管理强调由皮肤管理师对顾客进行一对一的护肤指导，特别是产品的选择、搭配和使用，具有极强的个体性和针对性，这与“安全、适合的化妆品”中描述的“有效性”高度一致。另一方面，皮肤管理对于产品的要求是不添加任何对皮肤有害的成分，并以天然植物脂质为基础供给皮肤营养，不堵塞毛孔，这同样是科学美容观所倡导和坚持的。

在习惯方面，居家皮肤管理的核心目标即顾客“良好护肤习惯”的养成。其主要途径是通过信息报备了解顾客皮肤护理的首要需求、美容史、现阶段皮肤状态、护肤产品使用情况、生活习惯等，通过对上述情况的专业分析，向顾客阐述皮肤问题的成因并提出改进建议。

综上，皮肤管理的理论是在实践科学美容观“四要素”的过程中形成的，它符合科学美容观的本质和内涵，更是科学美容观从理论转化为生产力的价值体现，它具有一定的时代性和前瞻性，更符合广大美容从业者和消费者的根本利益。

三、科学美容观在皮肤管理中的应用

科学美容观在居家护理和院护中应用非常广泛，对于皮肤管理专业及终端顾客，都有非常重要的指导意义，可以有效避免皮肤亚健康问题的产生，例如：干燥、敏感、晦暗、色沉、毛孔堵塞、松弛等现象。

1.科学美容观在居家护理中的应用

居家护理时，科学美容观有利于顾客正确认识自己的皮肤，选择适合自己皮肤现状的优质护肤品。但顾客往往在日常护肤中有很多错误的观念，导致皮肤状态不但没有得到预期的改善效果反而出现了诸多的皮肤问题。下面举个案例。

某位顾客之前皮肤只是有些晦暗，但是因为没有真正认识和了解自己的皮肤，因此尝试了非常多的护肤方法，其家里的护肤产品可以说是各大品牌的专柜收集地，且经常在家用洁面仪洗脸、去角质、敷面膜，并且特别喜欢去美容院做各种美白护理及仪器项目等。但是她的皮肤晦暗问题不但没有解决，皮肤状态反而越来越糟糕。当她开始找皮肤管理师调理皮肤的时候，她的皮肤问题已经不仅仅只是晦暗了，还从皮肤晦暗变成了敏感，甚至在换季的时候出现了严重的过敏现象。

经过皮肤管理师的分析，该顾客了解到自己皮肤的晦暗是由于皮肤长期干燥造成的。因为之前自己对皮肤问题的错误认知，导致她的很多护肤行为都是错的，在选择护肤产品和护理项目时，因只考虑即时效果而非从根本上去改善皮肤晦暗的问题，造成了她皮肤角质层防御屏障的损伤，使得皮肤变得敏感，又由于皮肤防御能力的低下，继而在换季时出现了过敏现象。

在皮肤管理师的帮助下，该顾客认识到了自己皮肤晦暗产生的真正原因，通过皮肤管理师的指导，顾客最终收获了健康美丽的好皮肤。

顾客在皮肤改善后自我总结，科学美容观颠覆了她以往对美容护肤所有的认知。以前认为自己懂得很多护肤小知识，盲目地认为多尝试就有可能找到适合自己的护肤方法，结果却将自己的皮肤当成了试验田，通过上述经历，她才发现其实自己根本没有正确的美容知识体系，这才导致了自己的皮肤从晦暗变成了敏感。

类似案例在居家护理中非常常见。当皮肤干燥后就会出现晦暗、粗糙、细纹等问题。而很多人却会用多敷美白面膜或者延长敷面膜的时间来解决皮肤晦暗问题，可是发现就算天天敷面膜，皮肤晦暗现象却依然存在，甚至还出现了新的皮肤问题，例如：皮肤泛红、易敏感等。

因此，在皮肤管理师的指导下建立科学的美容观，能够帮助顾客判断护肤行为是否正确，纠正错误的行为方式，建立正确的护肤习惯，找到适合自己的护肤方法，皮肤才能真正变得健康美丽。科学美容观在居家护理中非常重要，这也是顾客能够收获健康美、年轻态皮肤的前提。

2.科学美容观在院护中的应用

院护中，皮肤管理师需要应用科学美容观，对顾客皮肤状态进行综合分析和判断，进而制定并实施专业的皮肤管理方案。

例如我们常见的皮肤问题：黑鼻头。大多数有黑鼻头的人都曾经尝试过很多方法来改善鼻部的黑头问题，例如用手挤压、痤疮针清理、鼻子部位重点反复清洗、去角质、用去黑头的清洁面膜等方式，但是发现这些方法都不能彻底解决黑鼻头的问题，黑鼻头不但没有去掉，反而带来了诸多新的皮肤问题，例如：黑鼻头越来越重、毛孔越来越粗大、局部皮肤易产生色沉、易泛红，甚至鼻头和鼻翼出现了红血丝等现象。

应用科学美容观可知黑鼻头产生的真正原因是：第一，皮肤水油不平衡；第二，鼻部油脂分泌旺盛；第三，毛囊口过度角化，油脂不能通畅地从毛囊口排出，毛孔内的油脂经氧化后形成了黑鼻头。故真正解决黑鼻头的有效方法是调节皮肤水油平衡，提高皮肤含水量，避免皮肤角化过度，使油脂能通畅地从毛囊口排出，才能从根本上彻底解决顾客黑鼻头的问题。

皮肤管理师在帮助顾客调理皮肤的时候，需要在科学美容观的指导下制定院护方案、实施美容护理操作，这样才能有效解决顾客的皮肤问题，帮助顾客收获健康美的皮肤。

【想一想】 如何用科学美容观指导皮肤管理？

【敲重点】 1. 科学美容观对皮肤管理的指导意义。
2. 科学美容观在皮肤管理中的应用。

【本章小结】

本章从科学美容观及皮肤管理的定义和重要性出发，对科学美容观与皮肤管理的关系做了详细阐述，同时还将美容观在皮肤管理中的应用直接全面地展现出来，更清晰地体现了科学美容观在皮肤管理中的指导意义，从而让科学美容观成为皮肤管理师指导顾客正确护肤的依据。

【职业技能训练题目】

一、填空题

1. 美容观是通过人们（　　）、（　　）、（　　）三个方面体现出来的。
2. 构成科学美容观的“四要素”是（　　）、（　　）、（　　）和（　　）。
3. 科学美容观对于（　　）、（　　）和（　　）等不同人群的意义有所不同。

二、单选题

1. 人们在认识与实践中形成的对于美容行为目的和意义的根本看法是（　　）。
   A. 美容意识　　B. 美容理解
   C. 美容观　　D. 美容认识
2. 美容观具有（　　），是伴随科技进步而不断更新和完善的。
   A. 实践性　　B. 唯一性　　C. 不确定性　　D. 复杂性
3. 科学美容观核心要素不包括（　　）。
   A. 产品　　B. 护理操作
   C. 知识　　D. 实施者
4. 在习惯方面，居家皮肤管理的核心目标是顾客（　　）的养成。
   A. 正确皮肤认识　　B. 皮肤问题分析
   C. 美容知识学习　　D. 良好护肤习惯
5. 顾客能够收获健康美、年轻态皮肤的前提是（　　）。
   A. 定期院护　　B. 科学美容观
   C. 正确的产品选择　　D. 规避不良行为

三、多选题

1. 下列对于“美容观”认识正确的是（　　）。
   A. 美容观具有实践性
   B. 美容观是理论层面的指导
   C. 美容观伴随社会经济发展而演变
   D. 科技进步推进美容观不断更新和完善
   E. 美容观是一种护肤理念

2. 科学美容观需要具备的正确知识包括（　　）。

A. 美容皮肤学知识

B. 化妆品学知识

C. 皮肤辨识与分析知识

D. 行为干预知识

E. 都不对

3. 科学美容观对行业健康发展的推动作用理解正确的是（　　）。

A. 树立科学美容观是推动行业转型升级的动力源泉

B. 弘扬科学美容观是实现创新发展的核心要素

C. 落实科学美容观是企业应对挑战的必然选择

D. 科学美容观利于美容企业逐渐发展为行业的佼佼者

E. 美容服务行业有望依托科学的美容观实现全面的创新发展

4. 美容观在皮肤管理中具体表现为（　　）。

A. 依托什么样的知识解决皮肤问题

B. 利用什么样的方法解决皮肤问题

C. 借助什么样的产品解决皮肤问题

D. 依靠什么样的习惯解决皮肤问题

E. 有什么样的美容目的

5. 科学美容观在护理操作方面倡导的技术服务理念突出了（　　）。

A. 个体性　　B. 阶段性　　C. 系统性

D. 长期性　　E. 可复制性

四、简答题

1. 简述科学美容观及具体构成。

2. 简述科学美容观的重要性。

第二章 皮肤管理

【知识目标】

1. 了解皮肤管理的产生背景和发展进程。
2. 熟悉皮肤管理师的职业内涵和专业要求。
3. 熟悉皮肤护理职业技能等级证书的级别和专业要求。
4. 掌握皮肤管理与美容的关系。
5. 掌握皮肤管理的主要内容和特点。

【技能目标】

1. 具备根据皮肤管理主要内容进行针对性学习的能力。
2. 具备根据皮肤护理职业技能等级证书不同级别的专业要求进行实践的能力。

【思政目标】

1. 了解我国皮肤管理的发展理念和发展趋势。
2. 能够在皮肤管理实践过程中培养爱国主义情怀，传承中华优秀传统文化。

【思维导图】

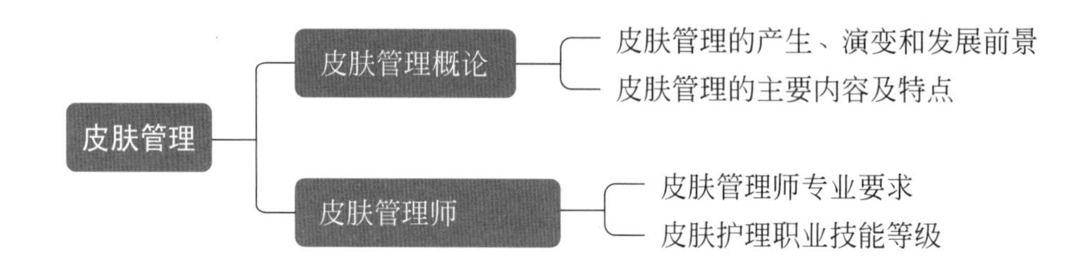

自从有人类社会以来，人们对于美的追求就从未停止。尤其近年来，随着社会的不断发展，我国传统美容业也在快速发展，在一定程度上满足了人们日益增长的对美的需求。但随着行业的服务划分及服务需求的精致化，现有的美容从业人员缺乏行业相关专业知识，在提供美容护理的同时往往不能指导顾客进行科学的居家美容护肤，达不到院护与居家护理相结合的效果。传统的美容护理已无法满足终端顾客不断提升的需求，“皮肤管理”的科学理念已悄然兴起。皮肤管理师的工作性质，是介于皮肤科医生与传统美容师之间，以科学美容观为基础，将美容皮肤学、化妆品学、美容实操三者有机结合起来，建立科学护肤机制，以达到保持或恢复皮肤健康功能，同时满足顾客美肤需求的目的。什么是真正的皮肤管理？皮肤管理师需具备的素质及条件都有哪些？将在本章中为大家一一介绍。

第一节 皮肤管理概论

皮肤管理的普及对美容行业核心的推动作用体现在对美容服务的供需关系、价值传递、服务体系、经营模式等方面进行了重构，从而明确了美容行业的服务内容和科学依据，对美容行业在社会中的认知高度、经济价值和行业升级发展，有着重要的引导和推动作用。

一、皮肤管理的产生、演变和发展前景

1.皮肤管理的起源

（1）皮肤管理产生的背景

终端多元化的需求、不同类型的终端个体催生了个性化的管理和服务，这对美容行业从业者的知识体系、专业度以及服务能力提出了更高的要求和挑战。这样的背景下，催生了美容行业皮肤管理的快速发展，皮肤管理也就成了行业改革发展的方向。

（2）皮肤管理与美容的关系

美容的英文单词“cosmetic”和“cosmetology”源自希腊语“kosmetikos”，意思是“装饰”。美国权威《韦氏高阶英语词典》的解释更能反映传统

美容的特点——“将外表美化修饰使其看起来更好”，同时也暴露了潜在的不足，即“仅停留在外表”，在现实生活中对应的是生活美容，即通过使用化妆品，仅通过表层简单操作，短暂地改善皮肤外观，不具有持久性和根本性。另外一个英文单词叫“esthetic”，同样源于希腊语“aesthetikos”（意为“美学的，审美的”），通常以艺术和美学角度审视人体，现实生活中对应的是医美，即以人体形式美理论为指导，采用手术和非手术的医学手段，来直接维护、修护和再塑造人体美；把人体作为客体，从审美的角度进行重新塑造。这两个概念虽然工具手段、方式方法、理论基础各不相同，但都是流行文化的反映，与其说是科学，不如说是文化现象，都是根据流行的审美来进行判断，是以社会大众的审美为标准，更多关注的是外在表象而非健康皮肤本身。即使医美需要有医学知识，但是出发点还是社会的审美判断，而非个人皮肤自身健康。

皮肤管理，是从根本上区别于以上两种美容理念，它既不是文化现象，也不是追赶潮流，而是一套科学的理论、方法与实践。第一，明确健康美是一切美的真谛和最终目标；第二，科学的美容观是皮肤健康美的起点；第三，皮肤管理是对皮肤进行全生命周期的管理；第四，皮肤是主体，影响皮肤健康的一切观念和行为习惯都是皮肤管理的对象；第五，皮肤管理应该是预防性管理，在皮肤问题发生之前或者萌芽状态即可进行干预，恢复皮肤的健康美；第六，皮肤管理需要皮肤管理师和顾客共同努力才能真正达到预期目标；第七，皮肤管理需要由经过系统性专业知识学习与技术实践的皮肤管理师指导才能真正发挥作用，造福顾客。

2. 皮肤管理的演变

（1）皮肤管理所处的阶段

现代美容业于20世纪80年代在中国出现，经历了一系列的发展、变革后，正逐渐朝着规范化、专业化、科学化的道路前进，一方面形成了涵盖皮肤管理、美体塑形、健康养护等多个方面的美容行业格局，另一方面带动了涉及化妆品生产、流通、销售等多个环节相关产业的发展。尤其在近几年，美容行业在终端服务领域增速迅猛，已成为推动国民经济发展、促进就业创业、提高和改善人民生活质量、维护社会稳定的重要产业分支。皮肤管理方兴未艾，在美容行业的发展进程中还处于初级阶段。

（2）皮肤管理现阶段状况

根据中国美发美容协会美容护肤专业委员会2020年针对932家典型企业的调查显示，52.3%的美容行业企业已经开始提供皮肤管理服务，计划开设相关服务的企业占比为31.7%。同时，接近71.3%的企业已经派遣员工参与皮肤管理类的培训，企业对皮肤管理的重视程度日益提高。

近几年，美容企业择人、用人标准发生了显著变化，主要体现在职业道德和素养、学历、职业技能、从业背景与工作经验四个方面。其中对职业道德和素养的考察，体现出企业对从业人员人生观、价值观、职业观的要求；对学历的考察意味着要求从业人员具有一定的理论基础和全日制中、高等职业教育完整的求学经历，是从业人员学习能力的体现；对职业技能等级证书的考察意味着要求从业人员有行业认可的水平能力，是专业度明确的等级量化体现；相比前三者，从业背景与工作经验，在日新月异的美发美容行业反而成为次要需求。

目前皮肤管理方向在美容行业的发展潜力巨大，皮肤管理人才缺口也很大。

3.皮肤管理的发展前景

（1）皮肤管理受众群体分析

① 受众需求分析。现代生活、工作节奏加快，使得人们的生活习惯、作息时间以及生活的环境都发生了巨大改变，工作压力大、生活不规律、电子设备辐射强、环境污染严重等现象，使人们在身体亚健康的状态下出现了各种皮肤问题（例如皮肤易敏等），而由于每个人的皮肤类型、年龄（新陈代谢周期）、生活状态、所处环境等不同，原有的一些基础美容需求，如补水保湿、美白等表层表象的皮肤护理已经不能满足人们日益增长的物质文化需求。因此，皮肤管理方案可谓千差万别，这也进一步促使美容消费的需求趋于个性化。

② 受众属性分析。随着消费者生活水平和个性化消费需求的不断提升，当前美容行业的内涵逐渐丰富。“美容”一词已不再是传统意义上的简单护肤，而是包含了护肤、美体以及医学整形等多个方面。同时，美容市场的发展已从价格竞争阶段进入品质竞争阶段，人们对美容产品及服务的甄选，已经不是简单的以价格为出发点了，取而代之的是，人们对美容产品及服务的品质提出了更高要求。美容顾客的主体逐渐扩大，年龄段不断拓宽，再加上

近些年快速发展的男士美容市场，以及由美容美体衍生的文化创意等服务，都预示着美容行业巨大的发展潜力。

（2）皮肤管理市场分析

① 皮肤管理的市场竞争力。从企业发展的角度来看，美容服务已经逐渐脱离了固定化流程操作，以皮肤管理为代表的服务升级对技术、专业度的要求越来越高，对员工的理论知识、专业技能、职业道德素养、沟通能力等都提出了较高的要求。88.9%的受调查企业认为行业需要有系统的皮肤管理职业技能等级培训和考核系统，同时有42.4%的企业认为自身员工从事皮肤管理服务缺少美容皮肤学知识技能，38.5%的企业认为缺少行为干预知识技能，33.3%的企业认为缺少皮肤辨识与分析知识技能。

② 皮肤管理的市场需求。根据中国美发美容协会美容护肤专业委员会统计，目前美容行业平均每年岗位缺口达60万至70万人，其中皮肤管理专业人才缺口占总数的60%左右，而每年美发美容相关专业职业院校毕业生不足3万人，人才缺口巨大。

（3）皮肤管理的专业化进程及发展空间

① 皮肤管理的专业化进程。皮肤管理师在理论知识方面，需要学习美容皮肤学、化妆品学等知识；在实操技能方面，需要能制定科学、专业、高效的护理方案，此外还需要具备专业沟通的能力。

从教培角度分析，皮肤管理专业人才必须经过专业的技术培训，学科体系覆盖美容皮肤学、化妆品学、皮肤辨识与分析并熟练掌握行为管理、美容实操等专业技能，方可提供系统性的皮肤管理服务。

② 皮肤管理的发展空间。皮肤管理普及和个性化服务供给将成为未来十年行业发展的方向，皮肤管理有望伴随着5G、VR等技术与传统技术进一步融合，成为驱动行业创新发展的关键要素。

二、皮肤管理的主要内容及特点

1. 皮肤管理的主要内容

（1）专业皮肤护理咨询

为顾客提供一对一的专业皮肤咨询。

（2）专业皮肤辨识与分析

为顾客提供专业的皮肤辨识与分析，结合既往美容史及现阶段皮肤状况，综合分析皮肤存在的问题及成因，准确制定出阶段性皮肤管理方案。

（3）皮肤管理方案的实施

严格按照皮肤管理方案执行，为顾客提供专业化、规范化的护理操作；指导顾客正确选择与使用居家产品。

（4）行为干预

对顾客进行行为干预，使顾客明晰生活习惯与美容的关系，指导顾客掌握正确的护肤方法，规避不利于皮肤健康的行为，预防皮肤问题的产生。

2.皮肤管理的特点

（1）专业性

皮肤管理是一个以结果为导向、专业鲜明的过程，在这个过程中，皮肤管理师从客观的角度出发，在充分了解顾客皮肤个体差异的情况下，结合美容实践经验，运用专业知识做出准确判断，进而制定出最佳的皮肤管理方案。皮肤管理能否按计划推进并不断达成阶段性目标，取决于皮肤管理人员的专业性，从专业的皮肤辨识与分析到专业的管理方案，再到专业的信息报备，在这个过程中的每一个环节都具有极强的专业性，正因为有了专业支撑，皮肤管理才有了对结果的可控性及确定性。

（2）系统性

皮肤管理是系统性的理论与实践，它不是孤立存在的，是由不同区块指标共同构成的一个层次分明的整体，每一个个体指标均能反映皮肤管理对象的某个侧面，而所有指标的综合最终反映皮肤管理对象的整体情况。皮肤管理通过帮助顾客建立科学的美容观、院护的阶段性专业护理及日常居家规范护肤三方面的系统结合，针对不同年龄的皮肤状态，通过专业的辨识与分析，选择适合的产品、仪器，结合居家行为管理等手段进行系统化的管理，最终达到改善皮肤状态的目的。

（3）持续性

皮肤管理是一个持续的过程，每一个皮肤管理的单元都是紧密相连的，每一个单元都会设有相应的目标以及完成目标所需的条件，达到目标后即会产生下一个单元的目标及条件。在实施皮肤管理的过程中会发现，每一位顾客在皮肤管理初期都会有最原始的皮肤需求（即第一需求），在专业、系统的管理下，第一需求如期达成，这时顾客不仅不会停止皮肤管理，往往还会产生更深层次的需求，而且随着阶段性皮肤管理目标的逐渐达成，需求会呈现阶梯式的递进，使皮肤管理不断延续，从而具有持续性。

【想一想】 皮肤管理岗位主要的工作内容有哪些？

【敲重点】 1. 皮肤管理的主要内容。
2. 皮肤管理的特点。

第二节　皮肤管理师

皮肤管理师，是指介于皮肤科医生和传统美容师之间的一个角色，区别于传统的美容师，无论是专业知识，还是技术技能，甚至在沟通方面都有着更为严格的要求，这是为了适应市场发展、消费需求而产生的进阶型岗位，是综合了美容技师、美体技师、美容顾问、美容导师、医美咨询等岗位所需职业技能的一个全新职业。

皮肤管理师在掌握各项专业理论知识的同时，还要针对不同肌肤状态给出科学、专业、高效的护理方案，在实际工作过程中，皮肤管理师还要善于与顾客进行专业沟通并进行行为干预。

一、皮肤管理师专业要求

1. 美容皮肤学知识

通过专业美容皮肤学知识的学习与钻研，精通各类肌肤的特点，精准辨识与分析皮肤，为科学管理皮肤打下坚实的基础。

2. 化妆品学知识

通过专业化妆品学知识的学习，掌握化妆品学的基础理论，了解化妆品的配方、工艺、性能及应用，判断及鉴别各类皮肤所适合的产品，为科学管理皮肤提供理论依据。

3.美容实操知识

通过专业美容实操知识的学习，精通各类皮肤的护理操作方法，精准掌控皮肤的调理方向，有效解决皮肤问题，是科学管理皮肤的关键。

4.行为干预知识

通过专业行为干预知识的学习，明晰生活习惯与美容的关系，了解影响各类皮肤的行为因素及心理因素，掌握改变错误行为模式的思路和方法，能够针对个体差异设置相应的行为管理内容，建立正确的行为管理模式，有效消除皮肤调理过程中的负面因素，是科学管理皮肤不可或缺的环节。

5.行业相关专业知识

关注当下流行的护肤方式及各种新型仪器、项目等，了解其本质原理，判断其适用范围及可能造成的皮肤损伤。

二、皮肤护理职业技能等级

皮肤护理职业技能等级标准依据皮肤管理师的典型工作任务，总结出该岗位应具备的知识、能力与素质要求。学生能够通过考取皮肤护理职业技能等级证书掌握皮肤管理专业技能，拓展就业创业本领，促进学生灵活、高质量就业，实现学生从学校到企业、从课堂到岗位的无缝衔接。

皮肤护理职业技能等级根据其专业技能水平可分为三个级别：皮肤护理职业技能等级（初级）、皮肤护理职业技能等级（中级）和皮肤护理职业技能等级（高级）。

1.皮肤护理职业技能等级（初级）

掌握皮肤管理的基本技能，能够为顾客提供专业的化妆品咨询与美容临床操作，能够独立完成干燥皮肤的调理及跟踪指导。工作方向主要面向化妆品店、MCN机构、美容院、皮肤管理中心、SPA会所、抗衰养生机构等服务型企业，从事化妆品销售、美容护理、跟踪指导等工作。

2. 皮肤护理职业技能等级（中级）

掌握皮肤管理的熟练技能，能够为顾客提供专业的皮肤咨询与美容临床操作，能够独立完成干燥皮肤、痤疮皮肤、敏感皮肤、色斑皮肤、老化皮肤的调理及跟踪管理。工作方向主要面向美容院、皮肤管理中心、SPA会所、抗衰养生机构等服务型企业以及化妆品制造企业，从事美容护理、皮肤管理咨询、跟踪指导、案例分析等工作。

3. 皮肤护理职业技能等级（高级）

掌握皮肤管理的全面技能，能够为顾客提供专业、全面的皮肤管理规划方案，精通各类皮肤的调理及跟踪管理，能够钻研技术、指导及培养专业人才，熟悉店务管理，工作方向主要面向美容院、皮肤管理中心、SPA会所、抗衰养生机构等服务型企业以及化妆品研发、制造、销售型企业，还包括美容行业教育培训机构等。从事美容护理、皮肤管理咨询、医美咨询、皮肤管理规划方案制定、跟踪指导、案例分析、人才培养等工作。

【课程资源包】

皮肤管理师的职业道德及形象

【想一想】 皮肤护理职业技能等级（初、中、高）三个级别的岗位工作要求有何不同？

【敲重点】

1. 皮肤管理师的专业要求。
2. 皮肤护理职业技能等级的级别及不同级别的岗位工作要求。

【本章小结】

本章从皮肤管理师的职业内涵、皮肤管理的发展进程和前景出发，详细介绍了什么是真正的皮肤管理、对皮肤管理师有哪些专业要求、不同级别的皮肤护理职业技能等级的技能水平区别，从而明确了皮肤管理师需具备的素质及条件。

【职业技能训练题目】

一、填空题

1. 皮肤管理的普及对于美容行业核心的推动作用体现在对美容服务的（　　）、（　　）、（　　）、（　　）等方面进行了重构。
2. 皮肤管理师是指介于（　　）和（　　）之间的一个角色。
3. 皮肤管理的特点包括（　　）、（　　）和（　　）。

二、单选题

1. 对皮肤管理认识正确的是（　　）。
   A. 皮肤管理是一种文化现象
   B. 皮肤管理需要追赶潮流
   C. 皮肤管理是一套科学的理论、方法与实践
   D. 皮肤管理是传统生活美容项目的一种
2. 获得皮肤护理职业技能等级（初级）证书人员的就业方向及岗位工作不包括（　　）。
   A. 美容院　　B.SPA 会所
   C. 皮肤管理中心　　D. 美容行业教育培训机构
3. 皮肤管理在美容行业的发展进程中还处于（　　）阶段。
   A. 初级　　B. 中级　　C. 高级　　D. 顶级
4. 随着阶段性皮肤管理的目标逐渐达成，顾客的需求会呈现（　　）的递进。
   A. 断层式　　B. 阶梯式　　C. 跃进式　　D. 突破式
5. 从专业的皮肤辨识与分析到专业的管理方案，再到专业的信息报备，在这个过程中的每一个环节都具有极强的（　　）。
   A. 专业性　　B. 系统性　　C. 持续性　　D. 独立性

三、多选题

1. 皮肤管理师是综合了（　　）等岗位所需职业技能的一个全新职业。
   A. 美容技师　　B. 美体技师　　C. 美容导师
   D. 美容顾问　　E. 医美咨询

2. 近几年，美容企业择人、用人标准在（　　）四个方面发生了显著的变化。

A. 职业道德和素养　　B. 学历

C. 职业技能　　D. 从业背景与工作经验

E. 性别

3. 皮肤管理针对不同年龄的皮肤状态，通过（　　）等手段进行系统化的管理，最终达到改善皮肤状态的目的。

A. 专业的辨识与分析　　B. 选择适合的产品

C. 选择适合的仪器　　D. 结合居家行为管理

E. 强制院护

4. 皮肤管理师的专业要求包括（　　）的知识。

A. 美容皮肤学　　B. 化妆品学

C. 美容实操　　D. 行为干预

E. 行业相关专业

5. 获得皮肤护理职业技能等级（高级）的人员可从事（　　）等工作。

A. 皮肤管理咨询　　B. 皮肤管理方案制定

C. 美容护肤　　D. 案例分析

E. 人才培养

四、简答题

1. 简述皮肤管理的主要内容。

2. 简述获得皮肤护理职业技能等级（中级）证书人员的就业方向及岗位工作。

第三章
皮肤概述及结构

【知识目标】

1. 了解皮肤的厚度、皮肤的张力线和皮肤的毛孔。
2. 熟悉皮肤的结构及功能。
3. 熟悉皮脂腺的分布部位及功能和影响皮脂分泌的因素。
4. 掌握角质层结构与功能。
5. 掌握细胞间脂质的成分与功能。
6. 掌握天然保湿因子的成分与功能。
7. 掌握角质层含水量对皮肤功能的重要性。

【技能目标】

1. 具备向顾客普及皮肤基础知识的能力。
2. 具备分析皮肤角质层缺水的原因，为顾客提供补水建议的能力。

【思政目标】

1. 培养探索未知、追求真理的责任感和使命感。
2. 培养敬业、精益、专注、创新的工匠精神。

【思维导图】

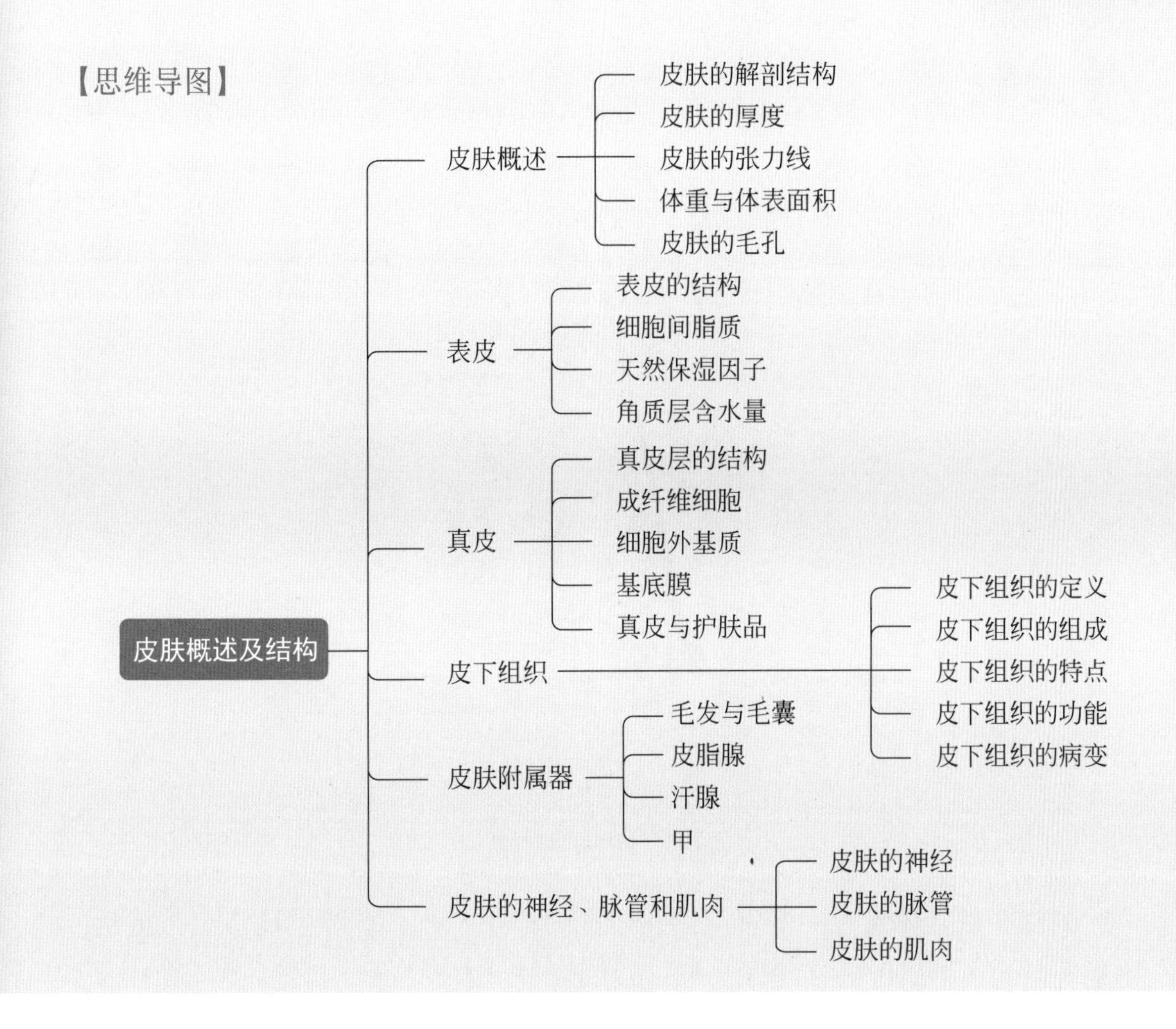

第一节 皮肤概述

本节主要讲述皮肤解剖结构等皮肤基础知识，使皮肤管理师对皮肤结构与功能有一个宏观的认识。

值得一提的是，本节不但描述了皮肤解剖结构，还描述了皮肤面积、厚度、纹理、毛孔等，尤其是皮肤面积与体重关系的描述，这些对化妆品的选择和安全评价具有重要的参考价值。

一、皮肤的解剖结构

健康的皮肤是由皮肤内部的健康结构和功能所决定的，为了保持皮肤的美观，延缓衰老的速度，就必须了解皮肤的结构和功能。如图3-1所示为皮肤的解剖结构。

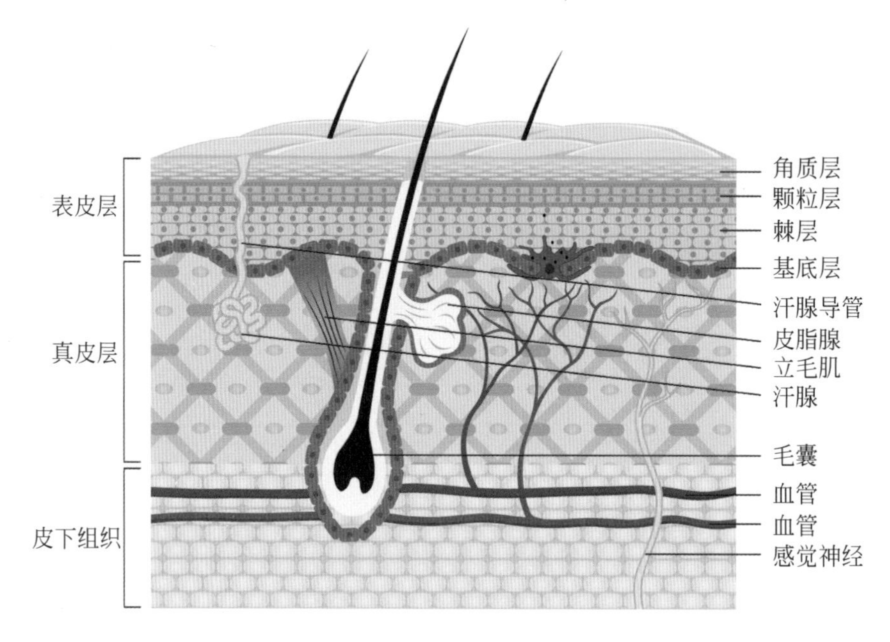

图 3-1　皮肤的解剖结构

皮肤是人体最大的器官，占人体重的5%～8%，若包括皮下组织重量，总重量约占个体体重的16%，成人皮肤面积为1.5～$2m^2$，新生儿约为$0.21m^2$。作为解剖学和生理学上的重要边界器官，皮肤覆盖于人体全身表面，主要功能为保护、感觉、调节体温、分泌和排泄等。它保护机体免受外界环境中机械的、物理的、化学的、生物的等有害因素的侵害，感知冷、热、痛、触等刺激，并做出相应的应激反应，控制机体内的各种营养物质、电解质和水分的损失，通过皮脂与汗液排泄机体代谢产物，通过周期性更新表皮，有效保持机体的内环境稳定和保持皮肤自身的动态平衡。

皮肤是由表皮、真皮和皮下组织构成，并与其他人体组织相连，由疏松结缔组织和脂肪组织组成，它在身体各部的厚度差别相当大。皮肤中还含有丰富的血管、淋巴管、神经、肌肉及各种皮肤附属器，例如毛发、毛囊、汗腺、皮脂腺、指（趾）甲等。

正常皮肤的表皮、真皮及皮下组织共同形成一个完整的整体，它坚韧、柔软，具有一定的张力和弹性。故在一定程度内，皮肤对外界的各种机械性刺激，如摩擦、牵拉、挤压及冲撞等有一定的保护能力，并能迅速地恢复正常状态。经常受摩擦和压迫的部位，如手掌、足跖、四肢伸侧和臀部等处，角质层增厚或发生胼胝，增强了对机械性刺激的耐受性。如果外界机械性刺激太强烈，则可引起保护性的神经反射动作，回避对机体的损伤。

皮肤与外界环境直接接触，它的结构复杂而且皮肤中的细胞功能高度特异化。皮肤中含有各种类型的细胞，如成纤维细胞、角质形成细胞、黑素细胞等，如表3-1所示。它们各自执行相应的功能，使得皮肤成为一个相对独立的组织系统，与其他器官组织一起参与机体的代谢活动。

表 3-1 皮肤中的细胞类型和主要功能

皮肤结构	细胞类型	主要功能
表皮层	角质形成细胞 朗格汉斯细胞 黑素细胞	构成角质化表皮 摄取和呈递外源性抗原 合成黑素
真皮层	巨噬细胞、淋巴细胞 成纤维细胞 肥大细胞 红细胞 上皮细胞 神经末梢细胞	吞噬作用、免疫应答 合成胶原蛋白 释放组胺、参与免疫 运输养分 形成血管 感受刺激

二、皮肤的厚度

皮肤的厚度因解剖部位、性别和年龄的不同而异。一是人体不同部位的皮肤厚度不同——躯干背部及臀部较厚，眼睑和耳后的皮肤较薄；二是同一肢体部位内外侧厚度不同——同一肢体的内侧偏薄，外侧较厚；三是不同性别、不同年龄的人体皮肤厚度不同——女性皮肤比男性薄，老年人皮肤较年轻人薄，儿童皮肤较成人薄，成年人皮肤厚度为新生儿的3.5倍，但至5岁时，儿童皮肤厚度基本与成人相同，20岁时表皮达到最厚，30岁时真皮达到最厚，达到临界年龄之后两者会逐渐变薄并伴有萎缩。所以，考虑到皮肤的厚度和皮肤的体重/体表面积比等情况，婴幼儿（0～3岁）的产品选择应慎重，像防晒霜之类的产品，或者含有较高浓度的酒精产品也要慎用。

皮肤的厚度也会影响皮肤的生理功能以及外在的观感。当皮肤过厚时，特别是角质层和颗粒层过厚，透光性差，就会影响皮肤的颜色，皮肤暗黄；

而皮肤太薄，对外界环境的抵抗力减弱，则导致皮肤敏感性增加。例如，婴幼儿（0～3岁）的皮肤由于角质层和表皮层的厚度较薄，抵御外界刺激的能力较弱，容易发生干燥、红、痒等皮肤问题。

化妆品经皮吸收不仅与皮肤面积有关，也与皮肤的厚度密切相关。由于影响皮肤厚度的因素较多，在产品的实际开发过程中，要充分考虑产品的使用部位、使用者的年龄及性别。

三、皮肤的张力线

真皮内有缠绕着胶原纤维且成束排列的弹力纤维，故此皮肤具有一定的弹性并保持持续的张力，且不同部位的皮肤弹性及张力各不相同，不同部位的皮肤张力各有其固定的方向。

一个多世纪前，许多外科医生为了达到术后皮肤切口瘢痕的美观，作了不懈的努力。当时，外科医生们发现如果手术切口沿身体的某个方向切开，则会获得较理想的瘢痕；如果偏离或垂直那个方向，则会产生明显或肥厚的瘢痕。如何找到一个可以遵循的手术切口方向的理论或原则，成为一个热门的探讨课题。最后，1861年Langer用圆锥形长钉随意穿刺新鲜尸体皮肤，发现皮肤可形成菱形裂缝的长轴，并且在不同部位呈固定的方向排列，将其连接起来便形成了皮纹，后人称朗氏线，即皮肤张力线（图3-2）。

面部由于表情肌运动而形成的表情线和颈部、躯干、四肢由于屈伸运动而形成的皮肤松弛线，共同组成了皮肤最小张力线。在进行美容手术时，顺着皮肤张力的切口，愈合后皮肤瘢痕较小，能最大限度保持皮肤的美容外观。1892年，著名外科学家Kocher提出，外科切口应沿皮肤张力线切开，否则会切断皮肤内的纤维，不仅裂口较宽，愈合后也容易瘢痕增生。但此后发现，皮肤的皱纹、皱褶和屈折线与皮肤张力线常不一致，实际上沿皱纹、皱褶和屈折线的切口形成的瘢痕才比较纤细而且不太明显。但是1977年Ksander提出，真皮胶原纤维的排列方向与皮肤张力线并不完全一致，新近多数人的观点认为，沿皮肤最小张力线的切口，愈合后瘢痕增生才会不明显。在活体皮肤上，由于面部表情肌运动而形成的垂直于表情肌收缩方向的面部表情线、皱褶和由于屈伸运动而在颈部、躯干、四肢形成的皮肤松弛线共同组成了皮肤最小张力线。

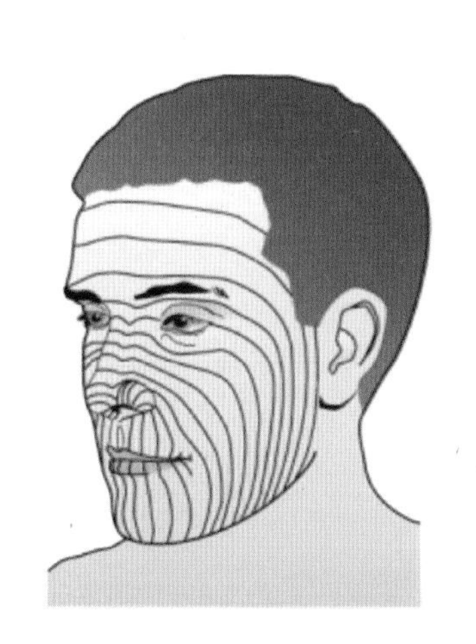
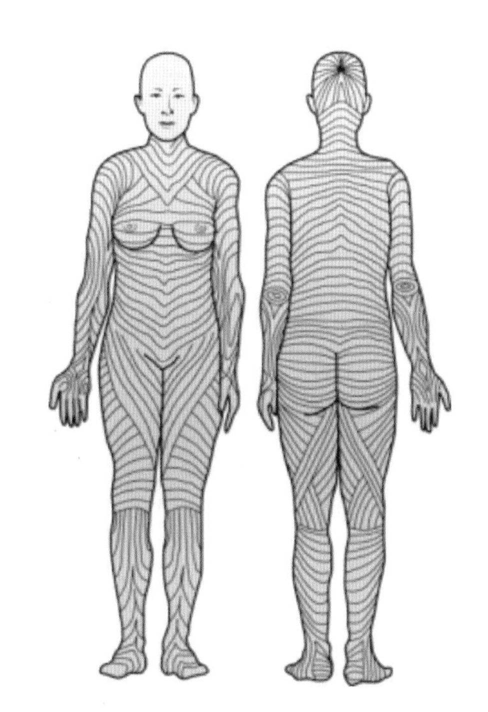

图 3-2 皮肤张力线

近年来，美容护肤不再单单着重于产品本身，为了进一步辅助提升产品效果，越来越多的化妆品开始配有使用手册，指导消费者使用化妆品时的涂抹方式、按摩手法等，美容工具、美容按摩手法的开发也逐渐兴起。因此，了解皮肤张力线的功能，对美容护肤具有重要的指导作用。

四、体重与体表面积

从重量与面积的角度来看，皮肤是人体最大的器官。新生儿皮肤总面积约为0.21m^2，婴儿约为0.41m^2，成人皮肤总面积约为1.5～2m^2，平均1.8m^2。值得注意的是，成人皮肤面积、重量与婴儿皮肤面积、重量之间存在较大差异，这也提示化妆品研究人员对儿童产品的功效性、安全性评价上要与成人产品有所区分。

成人的皮肤面积大约是新生儿的7～8倍，成人的体重/体表面积的比值是新生儿的2.3倍，分别是6个月和12个月婴儿的2.1倍和1.6倍。关于不同年龄体表面积与体重的关系，Adam在2012年欧洲化妆品安全性评价培训课程做了报道（详见表3-2、表3-3），其对于儿童产品的功效性或安全性评价具有非常重要的意义。

表 3-2　体表面积与体重的关系

年龄	体重 /kg	体表面积 /m^2	体重 / 体表面积 /（kg/m^2）
新生儿	3.4	0.21	16.2
婴儿（6 个月）	7.5	0.41	18.3
成人	70.0	1.81	38.7

表 3-3　不同年龄儿童与成人体重 / 体表面积比值倍数关系

年龄	不同年龄儿童与成人体重 / 体表面积比值倍数关系
出生时	2.3
6 个月	2.1
12 个月	1.6
5 岁	1.5
10 岁	1.3

化妆品中一般含有保障化妆品稳定性的防腐剂以及酒精、香料、表面活性剂等成分，如使用剂量不当，通过作用皮肤表面或吸收，可能对皮肤产生伤害。因此在实际使用化妆品的时候，要将皮肤体表面积与体重的关系考虑在内。在婴幼儿（0 ～ 3 岁）和儿童（3 ～ 12 岁）时期，尤其是新生儿、婴幼儿期体表面积/体重远远低于成人，对物质的吸收比成人高，因此需要确定化妆品使用的安全剂量。

由此可知，根据化妆品使用者的年龄，在确定体表面积与体重关系之后，可以进一步确定化妆品使用的安全剂量，才能充分确保美容护肤操作中的安全性与可靠性。

五、皮肤的毛孔

皮肤上的毛孔虽然十分常见，但是并不是解剖学和组织学上的确切概念，而皮肤毛孔粗大指皮肤表面可见的凹凸不平外观，虽然不是疾病，但一直是皮肤美容行业、化妆品行业关注的热点问题。

过去人们认为皮肤上的凹陷就是毛孔，但是从解剖学和组织学的观点来看，毛孔不单单是指一个凹陷结构，其至少包含三个部分：肉眼不可见的汗腺开口、肉眼可见的毛囊皮脂腺开口、肉眼可见的内含角栓的毛囊皮脂腺开口。其中汗腺形成的不可见的毛孔分布于除黏膜以外的全身皮肤；可见的毛囊皮脂腺开口为圆形、中空的管状结构，主要分布于上胸部；内含角栓的毛囊皮脂腺开口主要分布于面部，尤其是鼻尖及两侧鼻翼。

图 3-3 皮肤毛孔

目前阶段，对于毛孔大小尚无明确定义，一般面部毛孔明显可见（图3-3），影响美观时，即认为是毛孔粗大。在正常人群中，不同面部区域较大毛孔的发生率有所不同，分别为：鼻翼（66.57%）>鼻正面（59.55%）>颊部（58.46%）。鼻及其周围皮肤粗大的毛孔多属于可见的内含角栓的毛囊皮脂腺开口；皮脂、灰尘和化妆品残留物等混合而成的角栓，质硬，不易清洗，使毛孔扩大。而分布在鼻翼的毛囊皮脂腺多于鼻正面，且皮脂分泌更旺盛，形成的角栓体积更大；面颊部的毛孔是肉眼可见的毛囊皮脂腺开口，不含角栓，易清洁，毛孔相对较小。

影响毛孔大小的因素分为内源性因素和外源性因素。内源性因素，如遗传、毛囊皮脂腺分泌旺盛、激素水平、维生素A缺乏及皮肤自然老化等。外源性因素，如外源性刺激物质、痤疮、脂溢性皮炎、慢性紫外线照射及慢性放射线照射等。此外，毛孔大小还与皮肤的状态有关，毛孔粗大的皮肤，经皮水分丢失（Transepidermal Water Loss，TEWL）较正常皮肤高，富含不饱和游离脂肪酸，伴角化不全。

目前认为造成面部毛孔粗大的主要成因为皮脂腺分泌旺盛、毛孔周围组织结构弹性松弛、毛囊肥大。毛孔粗大的三大成因论述如下。

1. 皮脂腺分泌旺盛

有研究指出皮脂腺分泌与毛孔大小存在正相关性。激素水平为皮脂腺分泌的重要调节因素，有研究指出孕激素上调可能激活皮脂腺分泌。另外，大多数的面部粗大毛孔多位于鼻部和面中部，这也可以通过皮脂排泄来解释，因为鼻部及面中部部位为皮脂腺分泌最旺盛的区域，可以说明皮脂分泌旺盛与毛孔粗大的密切关系。

2. 毛孔周围组织结构松弛，皮肤老化

毛孔大小与年龄老化有关，皮肤弹性下降造成皮肤完整性减退，毛囊周围支持结构松弛可造成毛孔粗大的外观改变。

3. 毛囊肥大

毛囊体积会影响毛孔大小。毛囊体积大小与真皮乳头体积相关，由于真皮乳头细胞表达雄激素受体，因此可受雄激素调控，雄激素成为影响毛囊大小，进而影响毛孔大小的主要因素。此外，既往严重痤疮可能导致毛囊鞘的微小瘢痕形成，在雄激素刺激下可发生毛囊鞘阻塞，导致毛囊体积增大、毛孔增粗。

【相关知识——毛孔粗大与护肤产品的选用】

基于毛孔粗大的内因和外因，可使用下列物质来控制毛孔粗大。

（1）收敛剂。收敛毛孔，但无法做到真正控油。以往的控油产品以无机粉体作为收敛毛孔的成分，此类成分的作用类似用木塞堵住漏水的水龙头，仅在使用时视觉上给人毛孔收缩的感觉。目前常用的有机酸（如乳酸等）同样具有收敛毛孔作用，在较短时间内就能够感受到毛孔变得细腻，但可能存在着一定的刺激性，或者有剥脱角质的问题。过度使用容易造成角质层变薄，皮肤耐受性降低。

（2）清凉剂。清凉剂又称凉感剂，在感官上给予顾客瞬间吸收和收缩毛孔的感觉，如适量酒精以及薄荷醇等，这些成分的使用应该控制在合理的范围以内，否则容易造成皮肤干燥等状况。

（3）维生素。维生素在人体生长、发育、成熟、代谢等各个阶段发挥了重要作用，是维持和调节人体机能代谢的生物活性物质。

维生素也可作为油脂调理剂，主要针对缺乏维生素B_6而造成的脂溢性皮炎的人，并非对所有油性皮肤的人均有效。维生素B_6为皮肤调理剂、营养剂，可调节皮脂腺分泌及防止多种皮肤炎症发生，同时可以减少暗黄色素的产生，该成分为水溶性物质，为人体所不可缺少的成分，可用作油脂调理。含维生素B_6、维生素B_3和维生素B_7的控油产品，可能有一定的效果。

烟酰胺是近年来国内外各大品牌化妆品追捧的明星成分之一，其属于维生素B_3类成分，在美白类产品、祛痘类产品、身体乳以及发用产品中均有大量的应用，在美白产品中，烟酰胺主要是通过阻断黑素转运而发挥美白功效，在祛痘类产品中，烟酰胺由于具有抗炎效果而对炎症性粉刺具有一定的抑制作用。

（4）角质剥离溶解剂。水杨酸对于毛孔中的角质栓塞溶解较好，有加快表皮新陈代谢的作用，但会使皮肤变薄，且十分干燥。水杨酸在《化妆品安全技术规范》中属于限用组分，可在驻留类产品和淋洗类肤用产品中使用，最大限用浓度为2.0%。化妆品所含的水杨酸浓度一般被限制在0.2%～1.5%之间，高浓度的水杨酸对皮肤有一定的伤害，皮肤容易变薄，肌肤锁水能力也会下降，发生红斑、瘙痒、刺痛，大范围或长期使用可能造成“水杨酸效应”，出现耳鸣、晕眩、恶心、呕吐等现象。为安全使用水杨酸产品，这类产品需要加入警语。

因此，在帮助顾客选择针对毛孔粗大的护肤类产品或清洁类产品时，除要注意产品对于角栓、沉积物等的调节能力或清洁能力，还要注意是否会对表皮的角质层造成损伤、引起皮肤更大面积或更大量的出油，造成毛孔问题加重。同时应该考虑到相关的针对细化毛孔的产品，它们实际的作用原理是从控制出油还是从削减角栓开始的。

【想一想】

1. 皮肤的张力线对于顾客的美容有何意义？
2. 顾客皮肤毛孔粗大应考虑从哪几个方面为其提供解决方案？

【敲重点】

1. 皮肤的解剖结构。
2. 皮肤的厚度。
3. 皮肤的张力线。
4. 皮肤的毛孔。

第二节 表皮

一、表皮的结构

表皮覆于肌体表面，是皮肤的浅层，由角化的复层扁平上皮细胞构成。因分布部位不同，表皮的厚薄也有不同，手掌和足底的表皮较厚，一般为0.8～1.5mm，其他部位厚约0.05～1.2mm，总体平均厚度约0.1～0.3mm。表皮细胞分为两大类，即角质形成细胞和非角质形成细胞，非角质形成细胞分散于角质形成细胞之间，因形状呈现树状凸起，也称为“树枝状细胞”，包括黑素细胞、朗格汉斯细胞、梅克尔细胞及未定类细胞。

表皮作为人体屏障的重要组成部分，能保护机体免于不良因素的侵袭。表皮细胞有分化、更新的能力，对皮肤损伤的修复起重要作用。表皮没有血管，故损伤表皮不会出血。同时表皮外观是反映人体外观特征的重要指标，其更新代谢正常，皮肤才会展现柔软细腻、润泽光滑的美丽外观。

根据角质形成细胞的分化和特点，将表皮由外到内依次分为5层，即角质层、透明层、颗粒层、棘层和基底层，基底层借助基底膜与真皮连接。需要注意的是，透明层位于颗粒层外面，是由颗粒层细胞转化而来的，透明层细胞质中的透明角质颗粒因液化而透明，主要在手掌和脚掌比较明显。

1. 角质层

（1）角质层的结构

角质层（Stratum Corneum）是表皮的最外层，与皮肤美容关系最密切，由5～20层细胞核和细胞器消失的角质细胞及细胞间脂质构成。细胞膜厚而坚固，表面褶皱不平，细胞相互嵌合。如图3-4所示，细胞间隙充满板层小体颗粒释放的脂类物质，即细胞间脂质。相邻角质细胞间的蛋白连接结构叫角质桥粒，它们进一步加强了角质层的结构，当角质桥粒消失或形成残体时，角质细胞易于脱落形成皮屑。20世纪70年代，Peter Elias教授形象地将这种角质层结构特点比喻为“砖墙结构”，角质层完整的结构对维持皮肤屏障功能起重要作用。身体不同部位角质层的厚度不同，掌跖处最厚，眼睑、颊部、前额、腹部、肘窝等处最薄。除部位差别外，角质层的厚度还随性别、年龄和疾病而改变。

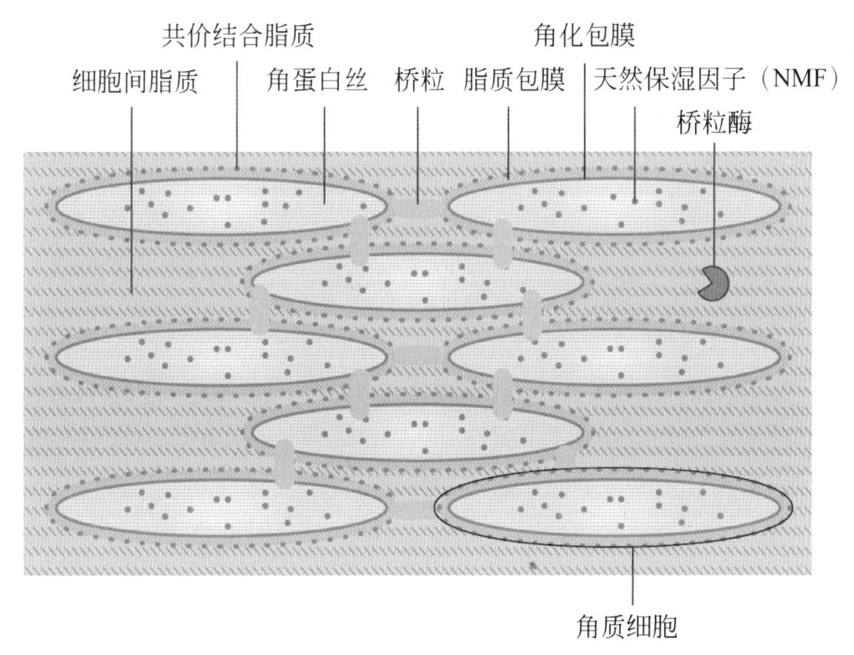

图 3-4 角质层结构图

角质形成细胞代谢活跃，能连续不断地分化和更新。分化过程中随着细胞内角蛋白细胞的不断分裂和演变，最终形成了富含角蛋白的角质细胞层，完成了角化过程。皮肤表层老化的角质细胞以相应速度脱落，使皮肤光滑柔软，形成动态平衡。

【相关知识——黑素细胞】

1个黑素细胞可通过其树枝状突起向周围约36个角质形成细胞提供黑素，形成1个表皮黑素单元。黑素细胞合成黑素，黑素是一种吸收紫外线化合物，它实质的作用是防止紫外线辐射。黑素细胞进入黑素单元中缔合的角蛋白细胞分泌黑素。黑素细胞可决定皮肤颜色。皮肤颜色与黑素细胞数目无关，但与表皮黑素单元的组织结构有关。不同人种的黑素细胞数量是大致恒定的。

（2）角质层的功能

① 美学功能。光线在厚薄不一的皮肤上散射后，表皮色泽会出现变化，如光滑的、含水较多的角质层可以规则地反射光线形成明亮的光泽；而干燥、有鳞屑的角质层，无规则地排列形成非镜面反射，其反射的光线造成皮肤灰暗的感觉。角质层过厚，皮肤会显得粗糙、黯淡无光。

② 屏障功能。角质层能抵御紫外线、细菌，防止各种物理损伤和阻挡化学物质渗入，是最重要的屏障。a.角质层的主要成分角蛋白及脂质紧密有序的排列，能抵御外界各种有害因素对皮肤的侵袭；b.角质层可吸收紫外线，主要是中波紫外线（UVB），因此角质层具有防晒功能；c.对外界物质的渗入、内部物质的流失，具有明显的限制作用。屏障功能缺损的患者对药物经皮吸收增强，如，湿疹皮损对药物的渗透性是正常皮肤的3～5倍。角质层还是皮肤吸收外界物质的主要部位，占皮肤全部吸收能力的90%，由于角质层间隙以脂质为主，所以角质层主要吸收的是脂溶性物质，因此脂溶性化妆品更易被皮肤吸收。角质层与皮肤锁水关系最为密切，正常情况下，皮肤角质层含水量为10%～20%，如果低于10%皮肤就会干燥、脱屑。因此，保护良好的皮肤屏障功能，防止水分丢失是角质层的重要功能，对皮肤健康及美观非常重要。基于以上功能，角质层是皮肤美容及护理所关注的重点。

③ 防止机械损伤的功能。将人角质层撕开2mm宽，需0.04N的力；但将角质层脱水后，只要用0.01N的力即可撕开。如将角质层全部去除，则表皮即丧失其张力。

（3）健康的角质层的特点

① 厚度合适。过厚的角质层会让肌肤没有光泽、发黄等。

② 排列整齐。致密地排列，这道墙（屏障）才够结实，外来的有害物质无法侵入。

③ 细胞间脂质含量正常。角质细胞间有细胞间脂质，很多敏感肌就是因为这个成分缺失所导致的。

满足以上的条件，这样的角质层才是完整的、健康的，可以很好地抵御外界的刺激。面部如果出现了红血丝，尤其是两侧的脸颊，那么有可能是因为皮肤角质层过薄。如果角质层过薄，皮肤的耐受性和抵抗外界环境的刺激性的免疫能力也会随之下降，肌肤就会变得更加脆弱敏感，很容易出现各种各样的过敏反应或敏感现象，比如这样的皮肤在温度变化频繁的换季时节或受到各种刺激时（如食用辣椒、生蒜等刺激性食物，易引发过敏的海鲜等食品时）就容易出现皮肤瘙痒、刺痛和发红问题。

如果皮肤经常会出现肤色暗沉发黄的情况，这可能是由于角质层过厚，降低了营养物质的吸收，影响皮肤健康美观。皮肤角质层过厚这种情况往往发生在油性皮肤中，油性皮肤本身就很容易出现毛孔粗大、皮肤油腻的问题，再加上角质层较厚，就更会出现愈加严重的毛孔粗大、皮肤没有光泽等问题。

2. 透明层

透明层（Stratum Lucidum）在角质层的下面，由2～3层较扁的细胞组成，细胞界限不清。此层只在手掌和足跖的厚表皮可见。其超微结构与角质层相似，有防止水和电解质通过的屏障作用。

3. 颗粒层

颗粒层（Stratum Granulosum）由2～3层较扁平的梭形细胞构成，位于棘层上方，可以进一步向角质层分化，与角质层共同组成表皮的防御带。其细胞浆内含有透明角质颗粒（Keratohyaline Granule），故称颗粒层，这种颗粒无膜包被。透明角质颗粒沉积于张力细丝束之间，在角化过程中这种颗粒转化为角蛋白，能阻止细胞间隙内组织液外溢。正常皮肤颗粒层的厚度与角质层的厚度成正比，在角质层薄的部位仅1～2层；而在角质层厚的部位，如掌跖，颗粒层则较厚，多达10层。

颗粒层的主要作用是折射紫外线、防止水分流失、防止细菌进入。如果颗粒层受损，可能会形成色斑。当颗粒层的吸收、折射、反射、分散、过滤紫外线功能下降，紫外线直接激活黑素母细胞，产生大量黑素，随着新陈代谢不断向上推移，造成色素沉积。

4. 棘层

棘层（Stratum Spinosum）位于基底层上方，由4～8层多角形细胞组成，细胞较大，有许多棘状突起，胞核呈圆形，细胞间桥粒明显而且呈棘刺状，故称为棘细胞。最底层的棘细胞也有分裂功能，可参与表皮的损伤修复；细胞间以桥粒相连接，细胞间隙内有淋巴液流动，为细胞提供营养；棘层pH值为7.3～7.5，呈弱碱性。

棘细胞及颗粒层细胞内含卵圆形双层膜包被的板层状颗粒，称为板层小体，也称板层颗粒或被膜颗粒等，这种膜包被的颗粒大小约100nm×500nm，可见于胞质中任何部位，但在邻近脂膜的部位最明显。板层小体首先出现在棘层，它们包含由磷脂、神经酰胺、游离脂肪酸和胆固醇构成的脂质混合物，随着表皮的分化，脂质的分布和含量也发生改变，磷脂减少，神经酰胺、游离脂肪酸和胆固醇增多，至颗粒层顶部颗粒层细胞向角质细胞转化时，板层小体通过胞吐作用将其脂质内容物释放到角质层的细胞间隙，即形成细胞间脂质，是角质层结构非常重要的皮肤屏障结构。板层小体还包括多种水解酶，如酸性磷酸酶、糖苷酶、蛋白酶和脂酶，这些酶针对细胞外环境中脂质和桥粒蛋白的活性，可能对屏障形成和表皮自然脱屑很重要。在疾病状态下，如银屑病皮损的颗粒层则变薄或消失，结构及润泽脂质的合成及分泌减少，因此，在临床上可见银屑病患者皮肤干燥、脱屑，从而提示，临床治疗银屑病时，需辅助使用含脂质成分的保湿剂，以补偿神经酰胺的不足。

5. 基底层

基底层（Stratum Basale）位于表皮的最底层，仅为一层柱状或立方形的基底细胞，10 ～ 14μm大小，核大且深染，通常排列整齐呈栅栏状，其长轴与表皮和真皮之间的交界线垂直。基底层细胞为异质性细胞，包括上皮干细胞、开始分化的角质形成细胞和树枝状细胞。

基底层又常常被称为生发层，此层细胞具有分裂、增殖能力，其分裂比较活跃，不断产生新的细胞并向浅层推移，以补充衰老脱落的角质形成细胞，与皮肤自我修复、创伤修复及瘢痕形成有关。正常表皮从基底细胞层演变成棘层、颗粒层、透明层和角质层，最后脱落所需的时间为28天，故认为正常表皮细胞的更替时间为28天。外伤或手术时，尤其是进行面部美容磨削术与激光治疗，只要注意创面不突破真皮浅层，其修复由基底层完成，皮肤就能恢复到原来的状态。若突破真皮浅层，由真皮结缔组织增生修复创面，则会形成瘢痕。

基底层也是皮肤自我修复和更新的关键。基底层旺盛的再生能力是皮肤保持年轻的重要特征。反之，基底层再生能力低下则是皮肤老化的一个重要表现。外界的损伤或皮肤自身发生的损害只要未伤及基底层或者损害比较表浅，只有小面积的基底层受损，则正常皮肤均能自行修复，一般不会留下瘢痕。但是如果大面积基底层受损，则缺损只能由纤维结缔组织来填补，皮肤上就会留下瘢痕（图3-5）。

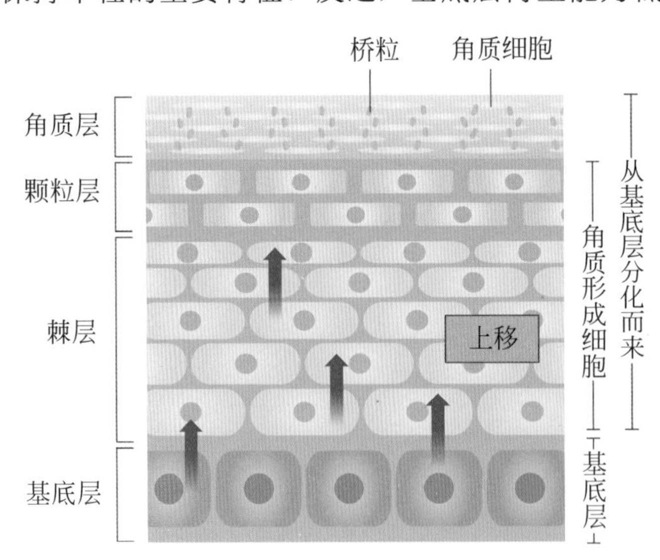

图 3-5　角质生成过程示意图

基底层的修复能力首先是由遗传因素决定，也就是基底层细胞的再生能力是有个体差异的。其次也受到身体不同部位的影响。微循环良好，血供丰富的部位，基底层再生能力较强，反之则较弱。如面部基底层细胞的再生能力就比小腿强。另外，基底层的修复能力也受到了年龄的影响。随着年龄增长，基底层细胞的再生能力会逐渐降低，皮肤的自我修复能力会随之减弱。除以上内部因素外，也会受到外部因素的影响，寒冷、干燥、紫外线或营养不均衡，基底层细胞再生能力会降低，因此营养不良者皮肤损伤难以愈合。

二、细胞间脂质

细胞间脂质来源于颗粒层、棘层角质中的细胞板层小体合成的脂质，以胞吐作用释放到角质层的细胞间隙，以共价键结合角质层，也称为结构脂质。其结构见图3-6。

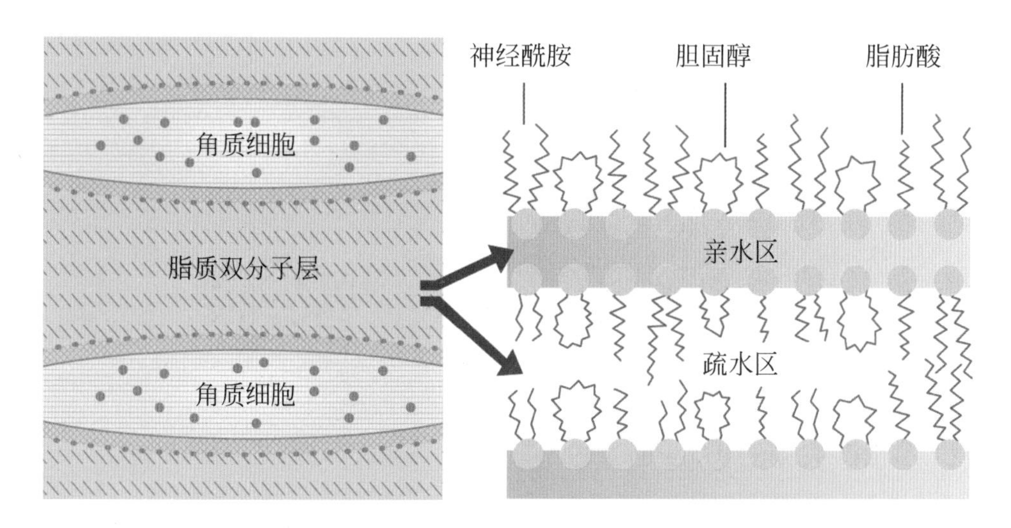

图 3-6 细胞间脂质的双层结构

基底细胞分裂，其中一部分基底细胞停留在基底层，另外一部分细胞向表皮移动，表皮角化过程开始启动。离开基底层的细胞首先变为棘细胞。在基底细胞内就开始合成角质细胞内的主要成分——角蛋白纤维的前体。棘层的上层细胞出现了称为板层颗粒的小体结构，小体内充满了脂质成分，由于呈层状结构故此得名。在颗粒层的上层，即转入角质层前，小体内容物被释放到细胞外，一方面维持着层状结构，一方面互相融合，在角质细胞间扩展成为薄板状态，称为细胞间脂质，它的主要成分是游离脂肪酸

（15% ～ 20%）、胆固醇（25%）和神经酰胺（45% ～ 50%），有少量胆固醇酯类、胆固醇硫酸酯和葡萄糖脑苷脂。各种细胞间脂质以不同比例形成非极性疏水性脂质，组成了具有成熟屏障功能的复层板层膜，也就是“砖墙结构”中的“泥浆”，充满整个角质层角质细胞的间隙，起到防止表皮内外水溶性物质的透过和水分挥发，以及防止角质层天然保湿因子（NMF）成分流出的作用，而且与角质层角质细胞的连接也有关系。

细胞间脂质的异常对皮肤屏障功能的影响较大，不仅仅降低皮肤的储水保湿功能，也直接影响角质形成细胞的生长与分化调节，影响正常角质层的形成。许多皮肤病往往引起角质层细胞间脂质变化，不同的皮肤病细胞间脂质的成分减少不同，如特应性皮炎、湿疹和敏感性皮肤等以神经酰胺含量下降为主；银屑病和尿布皮炎以游离脂肪酸减少为主；皮肤老化或光老化以胆固醇减少为主，这提示着不同的皮肤疾病在进行屏障功能修复时应使用添加不同的细胞间脂质成分的产品。

细胞间脂质还与皮肤屏障功能密切相关，当各种原因所致脂质缺乏时，皮肤屏障作用减弱，经皮水分丢失增多。此外，细胞间脂质还参与表皮分化、角质层细胞间粘连及脱屑等生理过程。

【课程资源包】

板层小体

三、天然保湿因子

天然保湿因子（Natural Moisture Factor，NMF）是一个水溶性物质集合，只存在于角质层，大约占角质细胞干重的20% ～ 30%。NMF成分从空气中吸收水分，与角质层自身水分结合，以保障角质层最外层保持水合状态。由于NMF成分是水溶性的，当与其他水接触时，便会很容易丢失。所以，当手部皮肤反复接触水时，皮肤会变得越来越干燥。角质细胞周围的细胞间脂质，有助于密封角质细胞并防止NMF的损失。

NMF是存在于角质层内能与水结合的一些低分子量物质的总称，包括氨基酸、吡咯烷酮羧酸、乳酸盐、尿素、尿刊酸、离子（Na^{+}、Ca^{2+}、Mg^{2+}、Cl^{-}、PO_4^{3-}）、氨、多肽类、葡糖胺及其他未知的物质，见表3-4。NMF作为一种低分子量水溶性的高效吸湿性分子化合物，不仅帮助角质细胞吸收水分，维持水合功能，还促进酶的代谢反应，有助于角质层分化成熟。许多因素使皮肤NMF的含量减少，如过度使用清洁剂、干燥的环境、紫外线照射、年龄增大等。

表 3-4 天然保湿因子的主要成分

主要成分	所占比例 /%
游离氨基酸	40
吡咯烷酮羧酸	12
乳酸盐	12
尿素	7
尿刊酸	3
离子（Na^{+}、Ca^{2+}、Mg^{2+}、Cl^{-}）	18
碳水化合物、氨、多肽、葡糖胺等	8

【课程资源包】

天然保湿因子的合成

四、角质层含水量

角质层含水量在皮肤功能中具有重要作用，如调节表皮的增殖、分化和炎症。正常的角质层含水量受到表皮屏障的完整性，表皮底层、真皮和皮脂腺水分的供给，经皮水分流失和角质层锁水能力等因素的影响。水约占角质层总重量的10%～20%，主要聚集在角质细胞内。独特的脂质膜结构和神经酰胺、水通道蛋白、透明质酸等的共同作用，有助于减少角质层水分的过度蒸发，维持角质层含水量。角质层含水量也会随着环境湿度和温度变化而变化，这些参数影响水分保留及其从角质层蒸发的程度，对表皮和环境之间的水分梯度变化有一定影响。角质层含水量与皮肤弹性也有一定的相关性，角质层含水量减少会影响皮肤弹性，容易出现皱纹。

角质层的含水量是皮肤的重要生理功能指标，是保持皮肤光滑柔软的主要因素。正常情况下，皮肤角质层含水量为10%～20%，中性皮肤角质层的含水量一般达到20%以上，含水量为10%～20%的皮肤柔润、光滑、有弹性，如果低于10%皮肤就会干燥、脱屑，以此提示皮肤屏障完整性遭到破坏。皮肤角质层含水量降低会影响皮肤表面形态以及蛋白质的表达，从而导致某些皮肤疾病，如特应性皮炎、银屑病和鱼鳞病。皮肤角质层含水量对维持皮肤外观和功能平衡有重要意义，平衡受损可能导致皮肤干燥的表现，这在特应性皮炎患者中尤为常见。特应性皮炎是一种慢性复发性皮肤病，以皮肤干燥、瘙痒和红斑丘疹、斑块为特征。当皮肤的外表面受到损伤时，各种信号因子就会启动，例如细胞因子、生长因子和各种脂质介质。这不仅会引起表皮的变化，还会引发深层皮肤的炎症。因此，屏障异常的程度在很大程度上可以预测随后皮炎的严重程度。这导致了一个恶性循环：疾病的严重程度与屏障的异常程度成正相关，反过来，皮肤炎症也会加重皮肤屏障的异常，所以保护良好的皮肤屏障功能，防止水分丢失是角质层的重要功能，对皮肤健康及美观非常重要。正常情况下，角质层保持经皮水分流失量为2～5g/(cm^2·h)，当角质层受到破坏时，经皮水分丢失增加，如果角质层全层剥落，水分经皮肤外渗可增加30倍。温度降低时角质层的水分含量也降低，所以寒冷、干燥的天气皮肤容易开裂。如果角质细胞受损（摩擦、过度使用清洁剂或脂溶剂），即使在良好的环境下水分也可以从细胞中丧失。此外，影响角质层的皮肤疾患，如银屑病、湿疹及特应性皮炎等，由于皮肤屏障功能减弱，皮损水分弥散加速，皮肤更加干燥。

【相关知识——皮肤的水合状态】

皮肤的角质层可被水合，所谓水合就是角质细胞与水分亲和，跟水分结合后使细胞体积膨大，角质层肿胀疏松。

正常情况下角质层内含有一定的水分，而皮肤的水合状态是影响水溶性物质经皮吸收的一个重要因素，高水合状态的皮肤有利于吸收。这是因为角质细胞膜实际上是一层半透性渗透膜，当含水量增加时，膜孔直径增大，组织紧密性降低，形成孔隙，使化合物的渗透吸收增加。皮肤的水合程度决定了皮肤的柔软性，水合程度好则皮肤柔嫩细腻。一些药物或封包（即用塑料薄膜、胶布包裹皮肤）可显著地提高角质层的含水量，封包条件下的角质层含水量可由15%增加到50%，增加药物的吸收，提高疗效。此外基质也能影响皮肤的水合作用进而影响化学物质的经皮吸收，吸水性基质和乳化基质都是渗透性基质，这是因为它们具有含水特性或吸收水分，可防止水分散失，易与皮肤分泌物混合和乳化等特点，从而有利于使角质层处于水合状态。

角质层的含水量反映了皮肤角质层屏障的功能，可用来有效评估皮肤健康状态和对外源性侵袭的抵抗能力。尽管适当的角质形成细胞水合对于皮肤的发育至关重要，但研究表明，水合过度会破坏角质层的层状结构。比如过度补水（尤其面膜形式）可能造成毛囊皮脂腺导水管吸水过度膨胀，堵住毛孔，形成类似粉刺的疹子。因此，在正常皮肤中长期过度使用保湿剂可能会增加皮肤对刺激物的敏感性。

【课程资源包】

角质层含水量对皮肤生物功能的影响

【课程资源包】

皮肤补水保湿四要素

【想一想】 角质层含水量与哪些因素有关？

【敲重点】

1. 角质层结构与功能。
2. 细胞间脂质的成分与功能。
3. 天然保湿因子的成分与功能。
4. 角质层含水量对皮肤功能的重要性。

第三节 真皮

真皮在组织学上属于不规则致密结缔组织，由细胞、纤维和基质成分组成，以纤维成分为主，纤维之间有少量的基质和细胞成分。真皮中的细胞主要为成纤维细胞，同时还有微血管内皮细胞、肥大细胞等。真皮中的纤维为胶原纤维、网状纤维、弹性纤维。真皮中的基质主要成分为蛋白多糖、糖胺聚糖。常见皮肤问题，如皮肤松弛、皱纹产生等均与真皮相关。

一、真皮层的结构与特点

1. 真皮层的结构

如图3-7所示，真皮位于表皮下方，通过基底膜与表皮基底层细胞相嵌合，对表皮起支持作用。

从真皮的结构层次看，真皮从上至下通常分为浅在的乳头层和深部的网状层，但是两者之间并无明确界限。前者为凸向表皮底部的乳头状隆起，与表皮突呈犬牙交错样相接，乳头层较薄，纤维细密，含丰富的毛细血管和淋巴管，还有游离神经末梢和触觉小体。网状层较厚，粗大的胶原纤维交织成网，并有许多弹力纤维，有较大的血管、淋巴管和神经穿行。

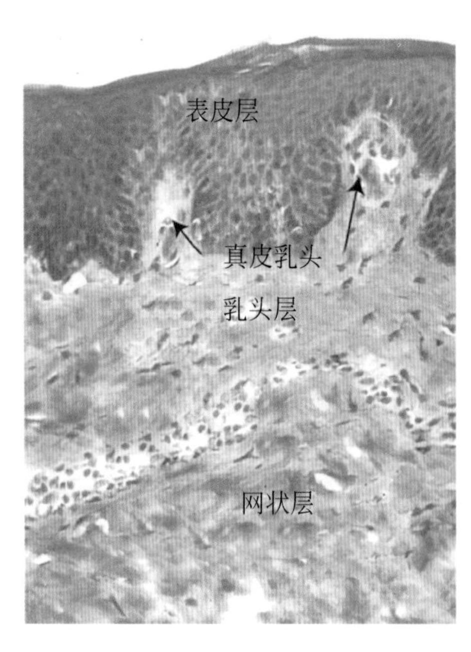

图 3-7 皮肤结构电镜图

① 乳头层

乳头层位于真皮浅层，表皮和真皮相连之处，呈波浪形起伏的乳头体及其边沿部分，且内含丰富的毛细血管网，将营养提供给表皮，同时感觉神经末梢也分布在此处。乳头层在理解表皮与真皮的相关性上有重要意义，当皮肤衰老时真皮乳头萎缩。我们能做出各种表情，就是这一层在起作用。

② 网状层

网状层位于乳头层下方，较厚，是

真皮的主要组成成分。拥有胶原纤维、网状纤维和弹性纤维，能给予皮肤张力、弹性，缓和外界刺激，起保护作用。网状层中粗大的胶原束走向几乎和皮肤表面平行，形成皮肤纹理。此层含有汗腺、皮脂腺、毛发及丰富的血管、淋巴管、神经，能感受压迫和振动的刺激。

乳头层和网状层的比较见表3-5。

表3-5 乳头层和网状层比较

名称	位置	结缔组织	胶原纤维	神经末梢	汗腺 皮脂腺 毛囊	韧性 弹性
乳头层	真皮浅层 乳头状	薄 疏松结缔组织	细 排列疏松	触觉小体	无	小
网状层	乳头层下方	厚 致密结缔组织	粗大 交织成密网	环层小体	有	大

2.真皮层的特点

① 提供表皮营养。

② 有血管和神经，供给表皮基底细胞营养，以利于新陈代谢。当皮肤划伤伤及真皮时，会产生疼痛，皮肤会出血。

③ 没有再生修复的功能，伤及真皮后会留下瘢痕。创伤修复过程中纤维组织大量增生，伤愈后会留瘢痕。

④ 皮肤中60%的水分在真皮层。

二、成纤维细胞

成纤维细胞既合成和分泌胶原蛋白、弹性蛋白，生成胶原纤维、网状纤维和弹性纤维，也合成和分泌糖胺聚糖和糖蛋白等基质成分，同时在皮肤组织深层损伤后是主要的组织修复细胞。

三、细胞外基质

细胞外基质（Extra Cellular Matrix，ECM）是由真皮成纤维细胞合成并分泌到细胞外，广泛分布在纤维素、纤维素间隙和细胞周围的一群生物大分子物质，其主要成分是蛋白多糖和胶原蛋白、弹性蛋白、糖蛋白，其主要功能见图3-8。

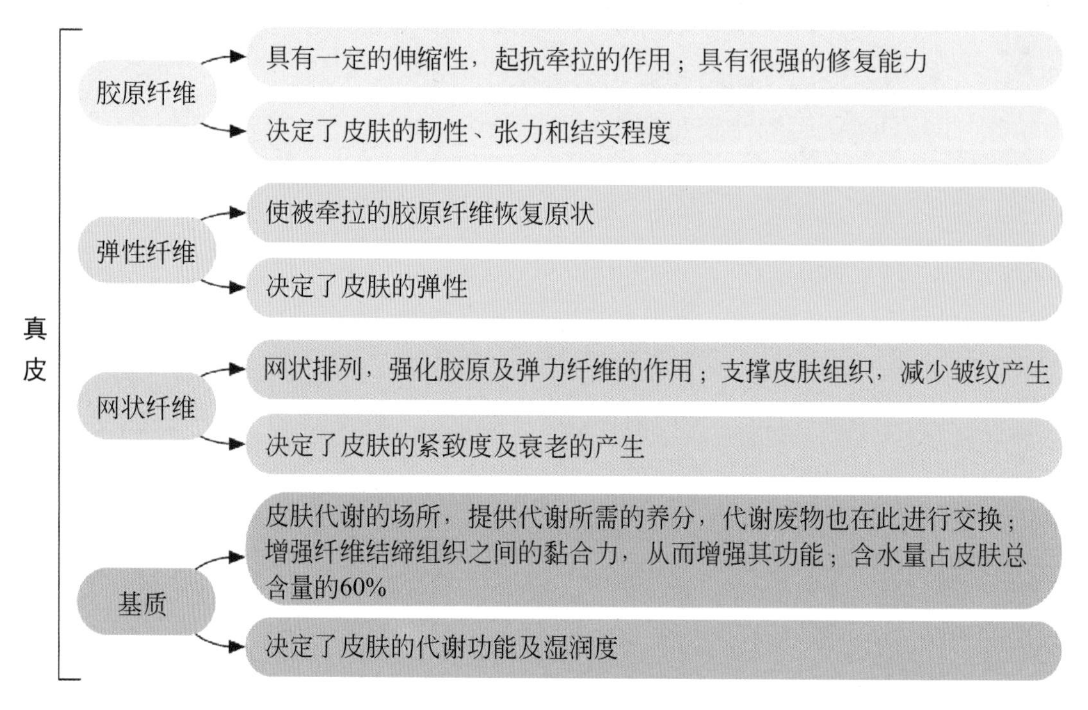

图 3-8 真皮的主要结构与其作用

细胞外基质是皮肤组织的一部分，但却不属于任何细胞。细胞外基质作为皮肤的主要成分之一，在维持皮肤细胞形态结构及其功能完整性方面发挥着重要作用。

胶原蛋白形成胶原纤维和网状纤维；弹性蛋白形成弹性纤维，这三种纤维共同组成皮肤的结缔组织。其中胶原纤维最为丰富，起着真皮结构的支架作用，并使真皮具有韧性；弹性纤维使皮肤具有弹性和伸缩性；网状纤维可视为细的胶原纤维。详见图3-9的主要成分细胞外基质。

真皮中填充于胶原纤维和纤维束之间的无定形物质，由蛋白多糖组成。皮肤内的蛋白多糖大部分是透明质酸和硫酸皮肤素，约占90%；另有少量的硫酸软骨素、肝素、硫酸乙酰肝素。透明质酸对水的结合力强，在基质中起稳定性调节作用。硫酸皮肤素和硫酸软骨素与胶原分子反应，参与胶原分子凝集的蛋白多糖具有保持细胞间水分，促进胶原纤维成熟、支撑皮肤、缓冲外界冲击及防御等功能。需要注意的是，这里说的无定形物质和前面提及的细胞外基质不同，细胞外基质的内涵更广，包含了组织学所见的纤维和无定形物质。

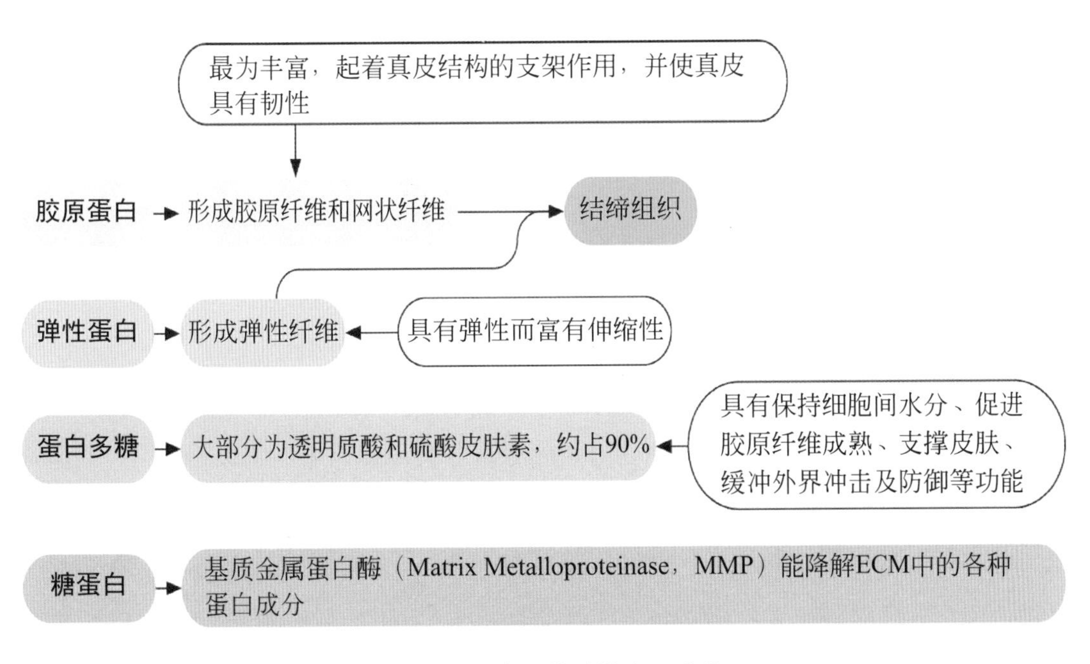

图 3-9　细胞外基质的主要成分

四、基底膜

基底膜，也称为真表皮连接（DEJ），位于表皮与真皮之间，连接表皮与真皮，是二者的衔接和过渡结构。它通过一些特殊的结构将表皮紧紧连接在真皮层的纤维结构上，具有紧致表皮、防止表皮松懈的作用；同时，基底膜还是表皮所需水分和营养的运输通道。健康的基底膜发挥多样生物学功能，使表皮-基底膜-真皮三者之间能够顺畅循环，保持皮肤的健康完整性。基底膜的结构破坏会导致皮肤干燥、粗糙，甚至引起皮肤疾病，因此化妆品研究人员在进行产品开发时，应注意基底膜的修复，维持皮肤水分和营养运输通道的畅通，持久滋润表层皮肤，使皮肤状况越来越好。

1.基底膜结构

基底膜位于表皮与真皮交界处靠近表皮部分，呈乳头状向上隆起并嵌入表皮突之间。表皮上突出部分称为钉突，真皮下伸部分称为乳头。这种钉突和乳头相互啮合的结构，一方面有利于真、表皮连接，维持表皮紧致，另一方面能增加真、表皮的接触面积，有利于表皮层细胞代谢物质的交换。经电子显微镜观察，由外至内由胞膜层、透明层、致密层和致密下层四层组成。

其中透明层中存在层粘连蛋白、蛋白多糖、硫酸肝素等。致密层中存在Ⅳ型胶原蛋白和层粘连蛋白，两者形成网状结构，这种网状结构对于基底膜的稳定性至关重要。

2.基底膜功能

（1）真皮与表皮的连接支持作用

基底膜类似一层双面胶，将表皮层和真皮层紧密地结合在一起，对表皮层和真皮层起到了很好的结构支撑作用。

（2）信号传导作用

表皮和真皮不是各自独立发挥功能，其正常的动态平衡需要在这两层中来回不间断进行信号传导。这些信号分子均为小分子，可以无障碍地穿过基底膜，基底膜中的成分选择性地促进或抑制这些信号的传导。信号分子储存于基底膜中，仅当基底膜受损或被破坏时释放出来。因此通过基底膜，表皮-真皮之间的沟通相当重要。

（3）参与渗透屏障功能

角质形成细胞的新陈代谢过程，需要水分和营养物质的供应。但表皮没有供应水分和营养物质的循环系统，所需水分和营养物质要通过真皮层基底膜供给，也就是说表皮的营养物质直接来源于真皮。另外，在真皮乳头层中还存在毛细淋巴管，乳头淋巴管内的淋巴液，首先流入乳头下层的毛细淋巴管丛，最终汇入全身的淋巴循环。

五、真皮与护肤品

一般的护肤品是不能到达真皮层的，通常情况下皮肤真皮层也不会缺水，只有表皮层有补水的效果。肌肤有排他性，不会让外来物质进入自己的领地；其次护肤品中多多少少还是有微生物存在。如果护肤品简单地涂抹就能进入到真皮层，皮肤很可能会过敏或者引起一些不良反应。的确有很多化妆品原料分为大分子和小分子，比如大分子透明质酸、小分子透明质酸、小分子肽等。大分子物质会停留在角质层以上锁住水分，小分子进入角质层，增强皮肤水合度。大分子减少经皮失水率，小分子在角质层补充角质层含水量。小分子一般进入不了基底层，更不可能进入真皮层。

【想一想】 真皮中含有哪几类纤维？它们是如何影响皮肤弹性、导致皮肤皱纹的产生？

【敲重点】 1. 细胞外基质的主要组成。
2. 胶原蛋白的功能。
3. 基底膜的结构、成分以及功能。

第四节 皮下组织

一、皮下组织的定义

皮下组织，位于真皮之下，与真皮之间没有明显界限，连接皮肤与肌肉。

二、皮下组织的组成

皮下组织由疏松结缔组织和脂肪组织组成，并含有动脉、静脉、汗腺、神经及根部毛囊等，又称皮下脂肪组织。

三、皮下组织的特点

皮下组织的厚度因个体、年龄、性别、部位、营养、疾病等而有较大的差别，一般以腹部和臀部最厚，脂肪组织丰富。眼睑、手背、足背最薄，不含脂肪组织。适当厚度的皮下组织使皮肤青春饱满，脂肪过度沉积使皮肤臃肿，脂肪组织太薄皮肤干瘪，出现皱纹。

四、皮下组织的功能

皮下组织对人体起到很重要的作用。皮下组织有保护功能，对外界物理刺激有一定防御能力。皮下组织通过调控汗液排出量调节体温。皮下组织有感觉功能，通过皮肤感受器感受外界各种刺激，传递给大脑信息。皮下脂肪层是储藏能量的仓库，又是热的良好绝缘体。

五、皮下组织的病变

皮下组织易受外伤、缺血、炎症的影响，引起变性和坏死。真皮内出现的各种病变，可反映在皮下组织，常见的病变主要有血管炎及脂膜炎。

【想一想】 如何区分皮下组织和真皮层？

【敲重点】 1.皮下组织的组成与特点。
2.皮下组织的功能。

第五节 皮肤附属器

皮肤附属器包括毛发、毛囊、皮脂腺、汗腺、指（趾）甲等。

一、毛发与毛囊

1.毛发概述

毛发是由毛球下部毛母细胞分化而来，分为硬毛和毳毛。硬毛粗硬，色泽浓，含髓质，又分为长毛和短毛。长毛如头发、腋毛等；短毛如眉毛、鼻毛等。毳毛细软，色泽淡，没有髓质，多见于躯干。人体除唇红、掌跖、指（趾）末节伸面、乳头、龟头、包皮内侧、阴蒂及阴唇内侧无毛外，其余皮肤均附有毛发。毛的粗细、长短、疏密与颜色随部位、年龄、性别、生理状态、种族等而有差异，正常人有6万～10万根头发，头发每个月生长约1cm，平均每根头发的寿命是4～7年。毛发大部分都是蛋白质，其余部分则由水分、脂质、微量元素与黑素等组成。毛发有两大功能。一是保护、保温。毛发起着保护身体的作用。头皮上的头发可以减少头部热量损失，保护头部免受阳光损伤；睫毛和眉毛使眼睛免受阳光、灰尘以及汗液的伤害；鼻毛可以减少鼻腔对灰尘及其他异物的吸入量。二是作为感受器。毛囊具有丰富的感觉神经末梢，这对触觉功能相当重要。

毛发主要由毛干和毛根两部分组成。伸出皮肤外面的部分称为毛干，我们通常所讲的头发是指毛干，埋在皮肤内部的称为毛根。毛根周围包有上皮和结缔组织组成的毛囊，其四周含有丰富的血管和神经，基部增大呈球状，叫作毛球。毛球底部凹陷，内为富含血管和神经的结缔组织，称为毛乳头。毛细血管和神经纤维插入毛乳头，担负着摄取营养的作用，调节毛发的长出和生长，若毛乳头破坏或萎缩，则毛发不能生长。紧接着毛乳头部分有毛母细胞，由此长出头发来。也就是说，毛母细胞从毛乳头内的毛细血管中获取营养成分和氧气，不断地分裂而形成毛发。在此部位还有提供给毛发颜色的树突状的色素形成细胞。

毛根与皮肤表面所成的钝角侧有一束斜行的平滑肌，称立毛肌。立毛肌的一端附着在毛囊上，另一端终止于真皮浅部，其受交感神经支配，收缩时使毛发竖立，皮肤呈现鸡皮样改变。

毛发结构如图3-10所示。

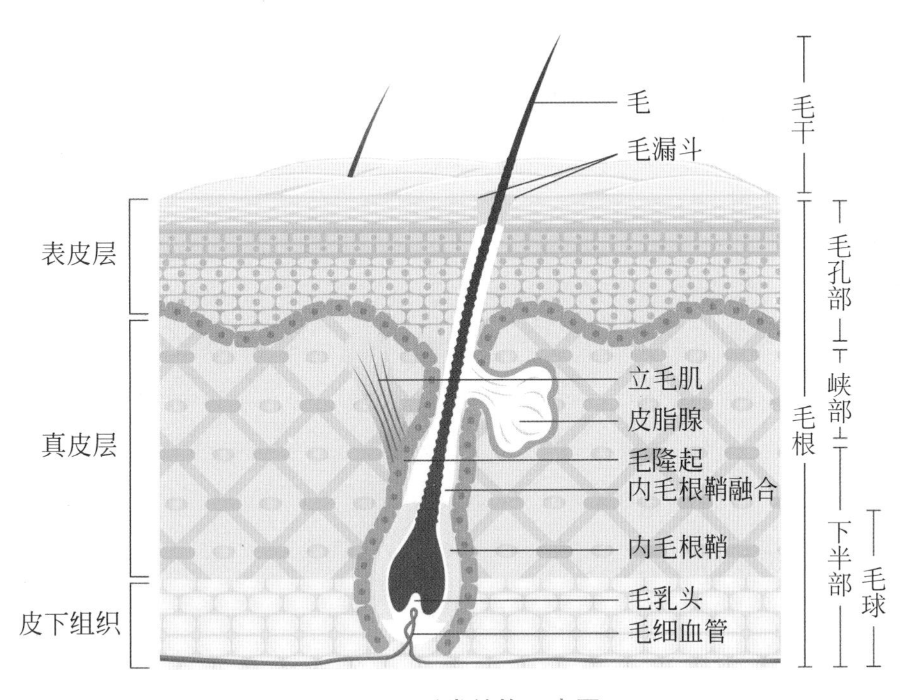

图3-10 毛发结构示意图

毛发和指甲不同，并不是一生中持续生长的，每根毛发都有独自的寿命，生长，脱落，新生。这称为毛发的寿命。

毛发生长主要有生长期、退化期和休止期三个阶段，如图3-11所示，每个阶段，毛发生长的比例及时间长短根据面部和身体的不同部位而变化。

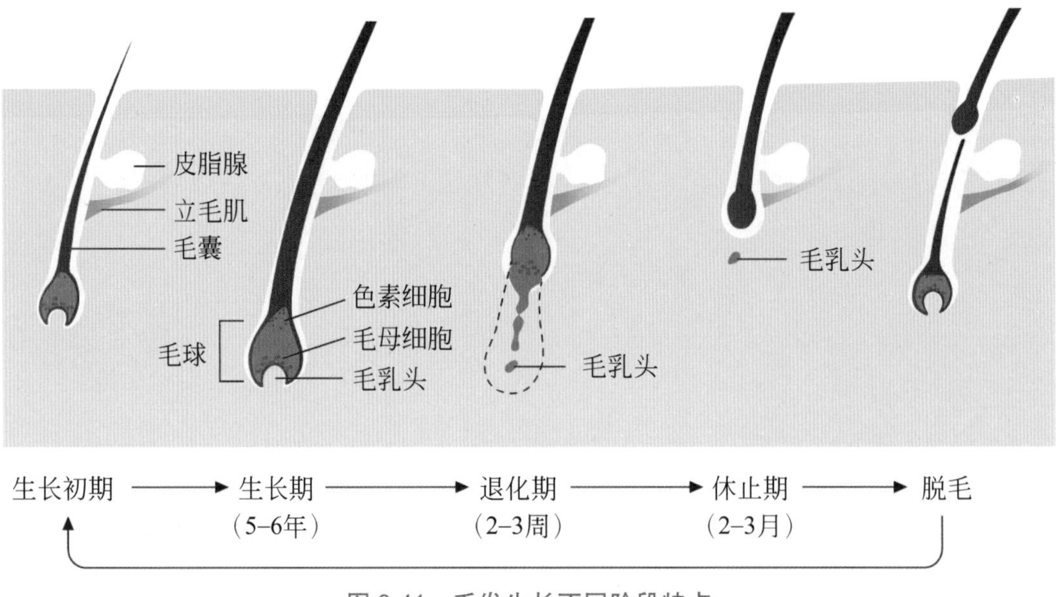

图 3-11　毛发生长不同阶段特点

（1）生长期

毛发仅在生长期产生，此阶段为毛发积极生长阶段。毛囊可深入皮下组织，一旦停止生长，毛囊则开始退化。此期间毛乳头增大，毛母细胞增生活跃，毛发伸长。生长期毛发的长短受个人身体状况、是否使用某些药物及是否怀孕等情况的影响而不同。一旦生长期毛发达到其最大长度后，毛发就会维持原样不再生长。毛发的生长期一般为5～6年，还取决于毛发的位置，如手指上毛发的生长周期为数周，而头皮上毛发的生长期可以长达8年。

激光脱毛主要针对生长期的毛发有作用，所以想效果好，需待退化期和休止期的毛发重新进入生长期后，再激光处理，才会达到永久脱毛的效果。

（2）退化期

退化期也称退行期，它是一个持续2～3周的退化或过渡阶段。退化期的最初特征是毛球部停止产生黑素，紧接着毛母细胞减少增殖并停止分裂。这之后毛囊的大部分细胞被吞噬细胞消化而收缩，毛根缩短回到立毛肌起始的下部（长度为生长期的1/3～1/2），在退化期终止时，毛囊位于真皮。在退化期，识别毛球变得非常困难，因为此时介于退化期和休止期之间，必须拔除才可观察到。这个阶段由于毛球中黑素的减少，只能观察到毛发中的色素稍微有所减少。

（3）休止期

休止期的毛发由于新一代的生长期的头发的伸长而被顶出，自然脱落。自然脱发的数量每天70～100根，休止期约2～3个月的时间。休止期的毛囊前端附着球状的毛乳头。

在正常头皮中，在给定时间间隔，有80%～90%毛囊处于生长期，有1%～2%处于退化期，有10%～20%毛囊处于休止期。

生长激素及甲状腺激素可促使毛发生长，皮质激素可缩短生长期并延长衰老期；贫血、蛋白质不足及慢性消耗性疾病等可妨碍毛发的生长，尤其是内分泌对毛发的生长有显著影响。

2.毛囊概述

毛囊是表皮细胞连续形成的袋样上皮。其基底是真皮凹进的真皮毛乳头，中心是一根毛发，立毛肌的一侧斜附在毛囊壁上，附着点的上方为皮脂腺通入毛囊的短颈，毛囊在皮肤表面的开口是毛囊孔。毛囊位于真皮和皮下组织中，可分为毛囊漏斗部、毛囊峡部以及毛囊下部三部分。

毛发从毛囊长出，毛发通过毛囊从身体吸收养分，从而支持毛发的生长。毛囊组织的上皮细胞能分裂、繁殖，使毛发不断更换和增长，但随着年龄增长，毛囊的作用逐渐减弱，脱发现象等随之发生。

毛囊内的黑素细胞随每个毛发生长周期，周期性地产生黑素，并传送给毛囊的角质形成细胞，使毛发产生颜色。

3.头发的损伤

头发在受损之后会变得干巴巴的，不但张力与光泽消失，还会导致发型的不易整理且耐久性差，发色变红等色泽改变，甚至毛发分叉与断裂，严重破坏毛发原本的美观。

头发损伤的主要原因有以下三个方面。

（1）化学损伤

烫发、染发等带来的损伤。某些烫发、染发的化学成分，对发质伤害很大。

（2）环境损伤

紫外线、干燥的环境、过热的吹风机都能损伤头发。由于头发大部分是由蛋白质组成的，所以对热的抵抗力很弱，普通头发含有10%～15%的水分，随着温度的刺激（80℃以上），头发会变得粗糙，摸起来沙沙的感觉。紫外线在有水的条件下使头发的弹性变差，同时头发中的黑素受紫外线照射可被氧化分解，引起头发变红。

（3）物理损伤

接触海水、粗暴地使用香波、毛巾过度揉搓、过湿的头发使用吹风机都能损伤头发。使用洗发香波的时候不宜过度揉搓，毛表皮不耐摩擦，很容易被剥落。在头发过湿时使用吹风机或者热处理烫发时，都会发生毛表皮剥离增大的情况。所以，在烫发、染发和海水浴后，要使用温和的洗发香波和护发素进行护理。

【相关知识——头发日常的清洁与护理】

在日常生活中要注意保持头发及头皮的洁净。洗发前，把头发梳顺，尤其有打结的部分一定要梳顺，不要硬拉硬扯，否则易引起头发的物理损伤，甚至引起毛小皮的起翘或脱落。洗头发时只要轻揉至产生泡沫就好，湿头发摩擦大，为避免扯乱头发或弄伤头皮，无须用力搓洗。

洗完头后，不宜自然风干，湿的发根更容易沾上灰尘等物质，而且湿发时，头皮角质也是处于松弛状态，总是湿漉漉的状态会影响头皮角质，湿的时候头发也更敏感，容易造成头发的分叉。用毛巾过度揉搓来代替吹发更容易伤发，因为头发湿的时候最脆弱，不能用力搓干，也不能用毛巾拼命抖动头发，否则头发会断裂或打结。干发后最好能进行多次梳理，这样有助于血液循环，令头发更柔顺更服帖，也更有光泽。

另外，日光（尤其是紫外线）会影响头发的生长，过度暴露可能破坏头发结构的完整性。所以，紫外线强烈的时候可选择戴遮阳的帽子或打伞。

二、皮脂腺

皮脂腺是附属于皮肤的一个重要腺体，位于毛囊和立毛肌之间，是产生皮脂的主要部位，由腺泡和较短的导管构成，多开口于毛囊上部，在一些黏膜或皮肤移行部位，皮脂腺不与毛囊相连，腺导管直接开口于皮肤表面。皮脂分泌的量受雄激素影响明显，是皮肤基础分型的一个重要参考因素。

皮肤表层的细小毛孔、汗腺经常会分泌出油脂与汗液，其中汗液会直接排泄于肌肤表面，而皮脂腺分泌的皮脂也会先经导管由毛囊分泌出来，经过毛囊壁扩散于皮表，汗液与油脂在肌肤的表面巧妙而均匀地混合，状态为油状半流态混合物，形成薄薄的一层膜，就是我们所称的“皮脂膜”，含有多种脂类，主要成分为甘油三酯、脂肪酸、磷脂和酯化胆固醇等。皮脂膜能抑制皮肤表面上存在的一些常见菌，如化脓性细菌、白癣菌，有助于皮肤的自净作用。皮脂腺受雄激素影响明显，在青春期，皮脂腺很不稳定，易生粉刺、痤疮。

1. 皮脂腺的分布

皮脂腺分布全身，但在掌跖处没有，手背、足背很少，在头面部、躯干中部和外阴部皮脂腺多而且大，前额、鼻、背上部的皮脂腺最多，即所谓皮脂溢出部位。一般皮脂腺开口于毛囊，但有的地方不开口于毛囊，如口腔黏膜、唇红处、女性乳晕、包皮和眼睑。

2. 皮脂的主要成分

皮脂腺分泌和排泄的产物称为皮脂。它是一种混合物，其中包含有多种脂类物质，主要有饱和的及不饱和的游离脂肪酸、甘油酯类、蜡类、固醇类、角鲨烯及液状石蜡等。它们在皮脂中的含量是不同的。

3. 皮脂腺功能

皮脂腺的主要作用是润滑皮肤和毛发；防止细菌繁殖，使皮肤表面清洁、健康；中和皮肤酸碱度；排泄废物；保持皮肤良好的呼吸作用，并能吸收大气中的天然离子。

4. 皮脂腺分泌和排泄的机制

皮脂腺的功能可用皮脂的排泄来表示，皮脂量增加，皮脂腺功能亢进。假如将皮面的皮脂除去，新的皮脂将立即以很快的速度被排泄出来，当表面皮脂达到某种厚度时则这个速度逐渐减退，减到最低的速度或完全停止。此时如将表面的皮脂除去，则皮脂又排泄出来。这样，皮脂的排泄被认为是间断性的。

5.影响皮脂分泌的因素

皮脂腺是产生皮脂的主要部位，皮脂过多不但不美观，而且会导致一些皮肤疾病。皮脂腺功能失常的原因复杂，形成的病变也是多样化的。造成皮肤美容问题的皮脂腺异常现象通常有两个方面：皮脂腺分泌量持续性地超过了表皮排泄的能力以及毛囊腔和毛囊口角质细胞的过度角化。影响皮脂腺分泌功能的因素有很多，涉及年龄性别、温度湿度、内分泌量、饮食营养和角质层含水量等几个方面。

6.皮脂腺的调理

当皮脂腺过度活跃时，除了会出现毛孔粗大、单纯油性皮肤，还会引发其他一些常见的皮肤问题，如痤疮和脂溢性皮炎。因此，有效地调节皮脂腺分泌，控制好油脂的排泄对于维持健康的中性皮肤状态十分重要。目前市场上大多数控油类日化产品，只是简单地清理油脂，或通过电解质来收缩毛孔，一定程度上能缓解油性皮肤出油的状况，就像前文毛孔粗大时讲过的一样，收敛毛孔，是无法做到真正的控油的。

作为调节皮脂腺分泌的功能性添加物大致可以分为几类：现代皮肤科临床应用中，常使用雌激素类药物；维生素类，如B族维生素有较强调理皮脂腺的功效；金属元素，如锌。此外，最新研究证实，皮脂腺中乙酰胆碱信号与脂质生成具有一定关系。在人的体内和体外的皮脂腺中，都有烟碱乙酰胆碱受体的表达，而且，随着乙酰胆碱的增加，脂质也相应地增加，两者存在着剂量效应。

三、汗腺

汗腺分布全身皮肤，有200万～500万，最多位于腋下、手掌、脚掌、额头。主要作用为分泌汗水、调节体温。汗腺分为外泌汗腺（小汗腺）和顶泌汗腺（大汗腺）两种，它们各自有不同的生理活动，但都有分泌汗液的能力。顶泌汗腺在人体已退化，是哺乳动物气味腺体在发育过程中的残余部分，大多存在于腋窝和外生殖器等少数部位，它们会分泌少量水、蛋白质、脂类以及异味前体，但不具备体温调节功能。

1.外泌汗腺

外泌汗腺呈单导管结构，人类的汗腺长3～5mm，包括盘曲的分泌部和导管部。分泌部共包含三种类型的细胞，暗细胞、明细胞和肌上皮细胞。暗细胞和明细胞为分泌细胞，而肌上皮细胞的功能是为腺体提供机械强度并储存汗腺干细胞。有研究表明，暗细胞、明细胞和肌上皮细胞彼此相互维持共同的结构特性，当三种细胞处于体外分离培养状态时，它们会迅速丧失形态学特征。

汗腺导管部开口于皮肤表面，其由双层的立方上皮细胞、上基底部细胞和基底细胞等构成。基底细胞能够表达多种离子通道和共转运体，如上皮钠离子通道，这表明在排泄过程中它们参与了部分离子的重吸收。

外泌汗腺在机体中还有其他的附加功能，它们能够分泌多种润滑因子来维持皮肤的水合作用，如乳酸盐、尿素、钠和钾等。有研究显示，外泌汗腺能够分泌多种抗微生物肽来控制皮肤菌群并抵抗皮肤感染，如菌蛋白、组织蛋白酶抑制素等。同时，汗液还包含有一些成分，有助于机体的免疫防御和限制炎症反应。

（1）外泌汗腺的分布

外泌汗腺即外分泌型汗腺，遍布于全身体表，独立开口，不连接毛囊。是由导管和分泌细管组成的单管腺，160万～400万个腺体几乎分布于全身体表，不包括口唇、龟头、包皮内层、阴蒂。其密度随部位而不同，一般以掌跖最多，屈侧比伸侧多。成人皮肤上的外泌汗腺数量为200万～500万个，平均每平方厘米有143～339个，它因人种、年龄、性别及部位等有所不同。汗腺的大小在个体间互不相同，最多可差5倍，大致与发汗率成正比。这些外泌汗腺按其生理活动状态，可分为活动状态外泌汗腺及休息状态外泌汗腺。

（2）外泌汗腺分泌的生理功能

① 散热降温。体内外温度升高时，排汗可以散热降温。24h不显性出汗的数量约为500～700g，由于水分的不断蒸发，带走大量热量，特别是在高温环境中，显性出汗散热降温的作用更明显，以此维持正常体温。

② 角质柔化作用。在很多气候条件下，环境的湿度、汗液和透过表皮的不显性出汗可维持水分的供给与挥发的生理平衡，而防止角质层干燥。汗液可补充角质层的水分散失，以保持角质层的正常含水量，使皮肤柔软、光滑、

湿润。

③ 汗液在皮面的酸化作用。表皮呈酸性，在日常生活中可防御微生物，这种作用主要通过汗液的酸性来维持。至于汗液中哪些成分在酸化中起作用，尚未完全清楚。

④ 脂类乳化作用。汗液与皮脂的相互乳化力很强，形成乳化剂，在皮面上及其沟纹皱襞处、毛囊漏斗内形成脂类薄膜。

⑤ 排泄药物。汗腺分泌细胞对与蛋白质相结合的药物有很高的通透性，有不少的药物，如磺胺类、氨基比林、巴比妥类、灰黄霉素、奎宁、酒精及铅等，都可以从汗腺中分泌和排泄出去。与电解质、黏多糖、激素等的代谢有关。

⑥ 分泌免疫球蛋白。如分泌性IgA。

（3）影响外泌汗腺分泌的因素

① 温度。外泌汗腺分泌受体内外温度的影响。实验证明，将肾上腺素和去甲肾上腺素直接注入脑室内，可使体温下降，外泌汗腺分泌减少；而5-羟色胺可使体温上升，并使外泌汗腺分泌活动增加。这种出汗称为中枢性排汗。其次，外泌汗腺处的胆碱能纤维可以直接接受皮肤及外界温度变化的刺激，引起反射性排汗增加，这种出汗称为直接性排汗，它不受麻醉剂的影响。在31℃以下室温时的排汗，称为不显性出汗，仅在显微镜下可以看到汗液；31℃以上时的出汗，称为显性出汗。

② 精神。大脑皮质的兴奋及抑制对汗腺的分泌活动有影响，这种出汗为精神性排汗。它常常发生在手掌、足跖、手背、头面及颈部，其次在前臂、小腿及躯干。外泌汗腺的活动受交感神经的支配。主要是胆碱能纤维，在组织学上尚未证实有肾上腺素能纤维存在。实验证明，局部注射乙酰胆碱可引起外泌汗腺大量分泌和排泄汗液。但是，在局部注射肾上腺素后，也可以引起外泌汗腺的分泌活动增加，排泄出少量的汗液。

③ 药物。有一些药物可以使外泌汗腺分泌活动增加或减少。例如，局部注射乙酰胆碱，也可引起外泌汗腺分泌活动增加，这种出汗称为胆碱能性排汗，它可用抗胆碱制剂对抗。此外，用肾上腺素皮内注射，也可以引起出汗，可能是作用到肌上皮细胞的结果，这种出汗称之为肾上腺素能排汗。

④ 饮食。口腔黏膜、舌背等处分布有丰富的神经末梢及特殊的味觉感受

器。在咀嚼时可引起口周、鼻、面颈及上胸部反射性出汗，特别是吃了辛辣食物或热烫食物后更加明显，这种出汗为味觉性出汗。

⑤ 其他。新生儿（包括早产儿及足月产儿）的皮肤汗腺发育是不完全的，有的早产儿开始出汗常仅限于面部，皮肤常呈低温状态。随着时间的增长，四肢及躯干也可以出汗，一般在7 ～ 14天后全身可出汗。足月产儿第3天手掌有出汗，但皮肤汗腺对乙酰胆碱的反应差，出生后7 ～ 10天试验，结果仍比成人差3倍，这可能与新生儿神经系统发育不完善有关。

成人的温热发汗量男性较女性的潜伏期短，发汗量大，这可用男性基础代谢量大来解释。从年龄的差别来看发汗的特征，小儿单位面积的能动汗腺数比成人多3 ～ 10倍，单个汗腺的分泌力仅为成人的1/5 ～ 1/2，随着年龄的增加，汗腺中的氯化钠浓度逐渐升高。各部位汗腺的平均分泌量以躯干部为最强，头部、额面次之，四肢特别是掌跖处更弱。掌跖处汗腺密集而发汗量少。一般体部的汗腺为温热发汗，与体温调节有关。与体温调节无关的掌跖发汗相比，后者汗腺分布密集度小而发汗量大。

2.顶泌汗腺

顶泌汗腺属于大管状腺体，由分泌部和导管组成。分泌部位于皮下脂肪层，腺体为一层扁平、立方或柱状分泌细胞，其外有肌上皮细胞和基底膜带。导管的结构和外泌汗腺相似，但其直径是外泌汗腺的10倍。开口于毛囊上部皮脂腺开口的上方，少数直接开口于表皮。易被细菌感染，分泌经感染会产生体臭，即狐臭。

顶泌汗腺分布于腋窝、脐周、乳晕、外阴和肛周等部位。胎儿第5个月时顶泌汗腺遍及全身，但以后即退化，到出生时仅位于腋窝、乳头、会阴等处，到青春期时腺体长大，开始分泌。外耳道（耵聍腺）、睫毛腺也属顶泌汗腺，但构造有些不同。顶泌汗腺是管状腺体，与毛发、皮脂腺在一起，起源于外胚层，所以顶泌汗腺的导管引入皮脂腺导管而进入毛囊漏斗入口上方的皮脂腺囊，偶有一部分顶泌汗腺的开孔于接近毛发皮脂腺囊的皮肤表面。管状腺体位于真皮下部或皮下组织，其直径为外泌汗腺的10倍，达200nm。分泌时是近管腔部分的胞膜破裂，将部分胞浆挤出，它不像外泌汗腺只分泌汗水，顶泌汗腺与皮脂腺相似，同样地也分泌细胞浆，呈乳样液体。最初这些顶泌汗腺的分泌物是无气味的，但经在表皮存活的细菌分解后生成挥发性的低级脂肪酸与挥发性的盐等，产生恶臭。它与皮脂腺都是发生体臭的原因。男性顶泌汗腺比女性多，黑人比白人多，欧美人比亚洲人多。顶泌汗腺分泌汗液由神经刺激所支配，尤其是在受痛苦、恐怖及其他触感的刺激时反应较强烈。

外泌汗腺受自主神经支配，但顶泌汗腺容易受性激素的影响，不受自主神经的支配。故顶泌汗腺青春期分泌旺盛。外泌汗腺随着年龄的增长其构造逐渐紊乱，分泌细胞萎缩，而顶泌汗腺很少受年龄的影响。

四、甲

甲是覆盖在指（趾）末端伸面的坚硬角质，由多层紧密的角化细胞构成。甲的外露部分称为甲板，呈外凸的长方形，厚度为0.5～0.75mm，近甲根处的新月状淡色区称为甲半月，甲板周围的皮肤称为甲廓，伸入近端皮肤中的部分称为甲根，甲板下的皮肤称为甲床，其中位于甲根下者称为甲母质，是甲的生长区（图3-12）。甲下真皮富含血管。指甲生长速度约每3个月1cm，趾甲生长速度约每9个月1cm。疾病、营养状况、环境和生活习惯的改变可影响甲的性状和生长速度。

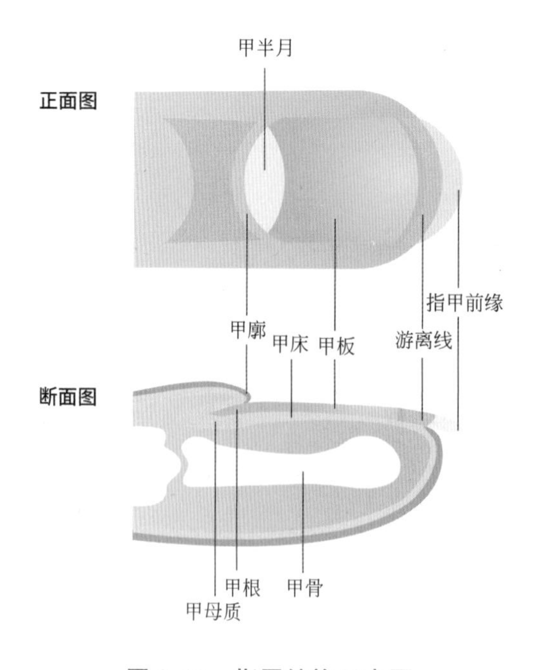

图 3-12　指甲结构示意图

指甲前缘（指尖）是指甲顶部延伸出甲床的部分，由于下部无支撑部分，缺乏水分和油分，容易断裂。塑造指甲时，主要是对指甲前缘的延展及造型。

【想一想】 皮肤各附属器的功能与作用？

【敲重点】 1. 毛发和毛囊的结构。
2. 皮脂腺的主要成分及影响皮脂腺分泌的因素。
3. 汗腺的种类和功能。

第六节　皮肤的神经、脉管和肌肉

一、皮肤的神经

皮肤中有丰富的神经分布，可分为感觉神经和运动神经。皮肤神经通过与中枢神经系统之间的联系感受各种刺激、支配靶器官活动及完成各种神经反射。神经纤维多分布在真皮和皮下组织中。许多情绪都是可以在皮肤层面感受到的，例如，恐惧表现为苍白（血管收缩）出汗、起鸡皮疙瘩、竖起的毛发。皮肤作为一个监测环境变化（热、湿等）和感知环境（对非本体物体的识别、触摸等）的系统，产生刺激，通过介质传递给神经系统，这些介质可以由神经纤维末梢合成，也可以由皮肤细胞和免疫系统产生。

1. 感觉神经

感觉神经使皮肤能感受触觉、温觉、冷觉、痛觉和压觉。

2. 运动神经

运动神经纤维主要分布于皮肤附属器周围，支配肌肉活动。肾上腺素能使神经纤维支配立毛肌、血管、血管球、顶泌汗腺和外泌汗腺的肌上皮细胞，面神经支配面部横纹肌，胆碱能使神经纤维支配外泌汗腺的分泌细胞。

二、皮肤的脉管

1. 血管

皮下组织的小动脉和真皮深部较大的微动脉都具有血管的三层结构，即内膜、中膜和外膜。真皮中有微动脉和微静脉构成的乳头下血管丛（浅丛）和真皮下血管丛（深丛），这些血管丛大致呈层状分布，与皮肤表面平行，浅丛和深丛直接由垂直走向的血管相通，形成丰富的吻合支。上述结构特点有助于其发挥营养代谢和调节体温的作用。

2. 淋巴管

淋巴管网与几个主要的血管丛平行，毛细淋巴管管壁很薄，仅由一层内皮细胞及稀疏的网状纤维构成。内皮细胞之间通透性较大，且毛细淋巴管内的压力低于毛细血管及周围组织间隙的渗透压，故皮肤中的组织液、游走细胞、细菌、肿瘤细胞等均易通过淋巴管到达淋巴结，最后被吞噬处理或引起免疫反应。此外，肿瘤细胞也可通过淋巴管转移到皮肤。

三、皮肤的肌肉

皮肤内最常见到的肌肉是立毛肌，由纤细的平滑肌纤维束所构成，精神紧张及寒冷可引起立毛肌的收缩，即所谓起“鸡皮疙瘩”。面部的表情肌和颈部颈阔肌属横纹肌。面部表情肌与皮肤相附着，表情肌收缩，皮肤在与表情肌垂直的方向上就会形成皱纹，如额肌在前额是纵行分布的，而抬头纹是横行的。早期只有表情肌收缩，皱纹才出现，长时间重复性动作使肌肉形成长久性收缩，造成不可逆皱纹形成，如抬头纹、眉间纹、鱼尾纹等。

【想一想】 皮肤中的运动神经和感觉神经有什么功能？平滑肌有什么功能？

【敲重点】

1. 皮肤中神经的类别与功能。
2. 立毛肌的功能。
3. 皮肤肌肉与皱纹的关系。

【本章小结】

本章概述了皮肤的解剖结构、皮肤的厚度、皮肤的张力线、体重与体表面积、皮肤的毛孔，并从表皮，真皮，皮下组织，皮肤附属器，皮肤的神经、脉管和肌肉这几个方面详细介绍了皮肤的结构。其中，表皮部分为重点内容，详细描述了角质层含水量对皮肤功能的重要性，并插入了相应的课程资源包便于学习者加深理解和记忆。掌握本章内容，有助于皮肤管理师全面分析顾客角质层缺水的原因，并为顾客提供合适的皮肤补水建议。

【职业技能训练题目】

一、填空题

1. 皮肤由（　　）、（　　）和（　　）三大结构构成。
2. 根据角质形成细胞的分化和特点，将表皮由外到内依次分为5层，即（　　）、（　　）、（　　）、（　　）、（　　）。
3. 细胞间脂质的主要成分有：（　　）、（　　）、（　　）。

二、单选题

1. 除手掌和足跖的厚表皮处外，其他部位的表皮层不含以下哪个结构（　　）。
   A. 透明层　　B. 棘层
   C. 颗粒层　　D. 基底层
2. 以下描述中错误的是（　　）。
   A. 许多因素会导致皮肤中天然保湿因子的含量减少，如过度使用清洁剂、干燥的环境等
   B. 天然保湿因子不仅帮助角质细胞吸水分，维持水合功能，还促进酶的代谢反应，有助于角质层分化成熟
   C. 天然保湿因子的成分是脂溶性的
   D. 天然保湿因子是一个水溶性物质集合，主要包括氨基酸、吡咯烷酮羧酸、乳酸盐、尿素等成分
3. 毛发大部分都是（　　），其余部分则由水分、脂质、微量元素与黑素等组成。
   A. 角质形成细胞　　B. 维生素
   C. 蛋白质　　D. 糖
4. 致密的角质层和角质形成细胞之间通过（　　）镶嵌排列成板层状，能机械性阻碍一些致病微生物的侵入。
   A. 紧密连接　　B. 中间连接
   C. 缝隙连接　　D. 桥粒结构
5. 砖墙结构中的“泥浆”是指（　　）。
   A. 胶原蛋白　　B. 天然保湿因子
   C. 细胞间脂质　　D. 糖蛋白

三、多选题

1. 皮肤附属器包括（　　）。

A. 汗腺　　B. 毛发

C. 触觉小体　　D. 指（趾）甲

E. 皮脂腺

2. 皮下组织由以下哪些组织构成（　　）。

A. 脂肪组织　　B. 紧密的结缔组织

C. 疏松的结缔组织　　D. 胶原纤维

E. 弹力纤维

3. 以下属于天然保湿因子的是（　　）。

A. 吡咯烷酮羧酸　　B. 神经酰胺

C. 乳酸盐　　D. 小分子水杨酸

E. 尿素

4. 皮脂腺分泌的影响因素包括（　　）。

A. 年龄　　B. 性别

C. 饮食　　D. 生理周期

E. 洁肤方式

5. 毛发是由（　　）等成分组成。

A. 蛋白质　　B. 脂质

C. 微量元素　　D. 水分

E. 黑素

四、简答题

1. 简要说明皮肤补水的方法。

2. 简述造成皮肤美容问题的皮脂腺异常现象。

第四章
皮肤生理功能

【知识目标】

1. 了解皮肤的感觉功能与化妆品使用之间的联系。
2. 了解皮肤的排泄功能与化妆品使用之间的联系
3. 了解皮肤的体温调节功能与化妆品使用之间的联系。
4. 了解皮肤的免疫功能。
5. 掌握皮肤的屏障功能。
6. 掌握影响皮肤吸收的因素。
7. 掌握皮肤的新陈代谢周期及代谢机制。

【技能目标】

1. 具备基于皮肤的功能及顾客的需求，指导顾客挑选合适的化妆品的能力。
2. 具备基于皮肤的功能及顾客的需求，为顾客提供合适的皮肤护理方案的能力。

【思政目标】

1. 培养谦敬礼让，克骄防矜的职业素养。
2. 倡导言行一致，恪守诚信的职业道德。

【思维导图】

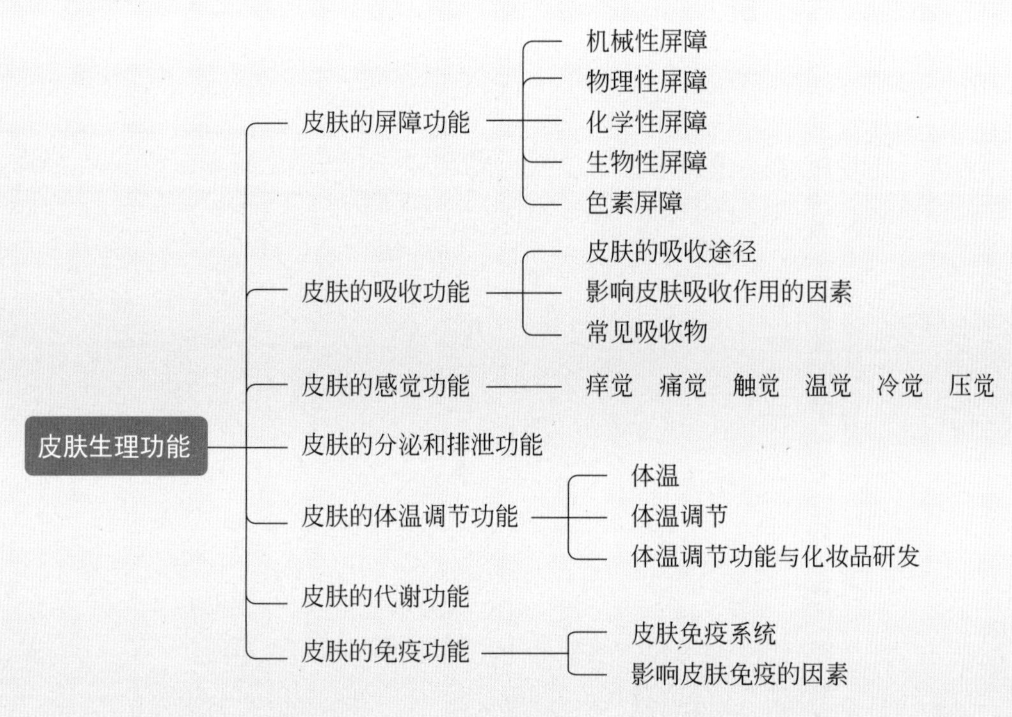

皮肤覆盖于人体表面，具有屏障、吸收、感觉、分泌和排泄、体温调节、物质代谢、免疫等多种功能。

第一节　皮肤的屏障功能

皮肤是人体最大的器官，它覆盖全身，在保护人体内环境稳定和阻止外界有害物质入侵方面发挥着极其重要的作用。人体的正常皮肤有两方面的屏障作用，一方面保护机体内各种器官和组织免受外界环境中机械的、物理的、化学的和生物的有害因素的侵袭；另一方面防止组织内的各种营养物质、水分、电解质和其他物质的丧失。因此，皮肤保持机体内环境的稳定，在生理学上起着重要的保护作用。其屏障功能示意图见图4-1。

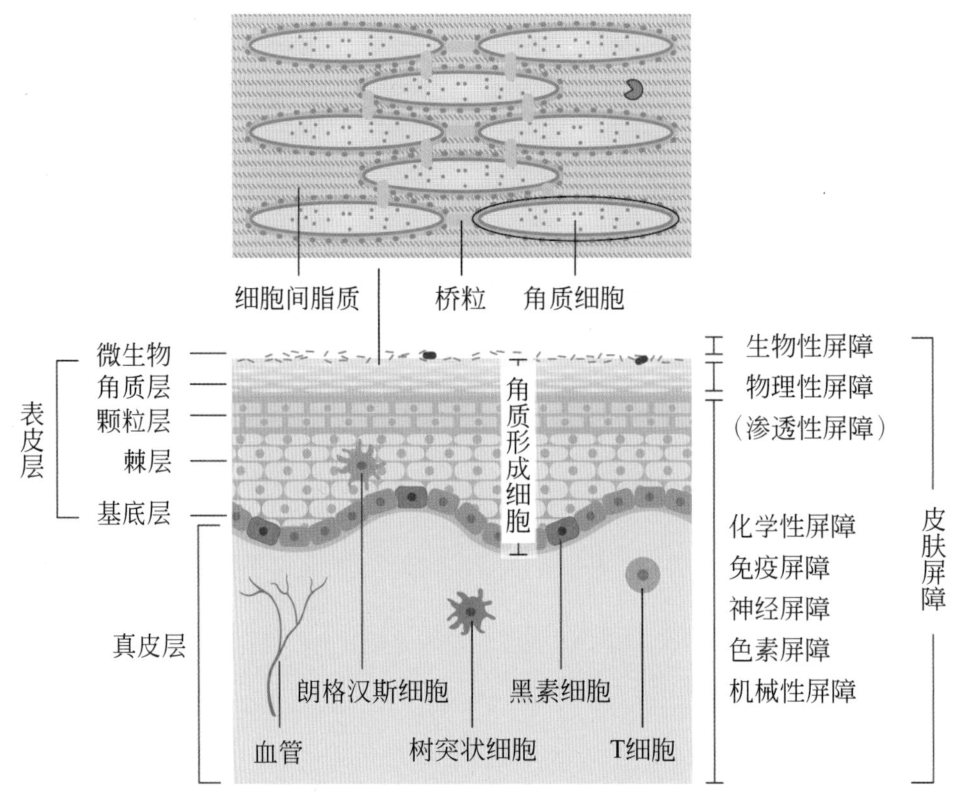

图 4-1　皮肤的屏障功能示意图

皮肤屏障的含义具有广义和狭义之分。从广义的角度上，皮肤屏障主要包括与皮肤各层结构相关的屏障，包含机械性屏障、物理性屏障、化学性屏障、生物性屏障、色素屏障等。从狭义的角度上，皮肤屏障主要是涉及皮肤表皮，尤其是角质层结构相关的屏障，即物理性屏障。

一、机械性屏障

正常皮肤的表皮、真皮及皮下组织共同形成一个完整的整体，它坚韧、柔软，具有一定的张力和弹性。故在一定程度内，皮肤对外界的各种机械性刺激，如摩擦、牵拉、挤压及冲撞等有一定的保护能力，并能迅速地恢复正常状态。

经常受摩擦和压迫的部位，如手掌、足跖、四肢伸侧和臀部等处，角质层增厚或发生胼胝，增强了对机械性刺激的耐受性。如果外界机械性刺激太强烈，则可引起保护性的神经反射动作，回避对机体的损伤。

皮肤角质层的完整结构对其物理或机械性屏障功能具有重要作用。当角质层的厚度变薄受损时，皮肤的通透性增强，影响表皮屏障的正常功能。

二、物理性屏障

正常情况下，人体皮肤对某些物理性的有害刺激如电、磁、紫外线等具有一定的屏蔽和防御作用，保护皮肤自身及机体组织器官免受损害。皮肤是电的不良导体，皮肤对电流的防御能力与电压高低及皮肤角质层含水量的多少等因素有关。人体皮肤对光有反射和吸收的能力，皮肤表面的脂质、角质层、棘层细胞、基底层细胞及汗腺都能吸收和反射一部分紫外线。同时黑素是人体防卫紫外线的主要屏障，能清除紫外线进入人体后产生的自由基，从而对皮肤起到保护作用；而且当人体受到紫外线照射后，黑素细胞会产生更多的黑素，并传递给基底细胞、棘细胞和角质形成细胞，进一步增强皮肤对紫外线照射的防护能力。

正常皮肤的角质层具有半透膜功能，皮肤除了汗腺、皮脂腺分泌和排泄，角质层水分蒸发和脱屑外，一般营养物质及电解质等都不易通过皮肤角质层而丧失。

三、化学性屏障

角质层是皮肤防护化学性刺激的最主要结构。角质层细胞具有完整的脂质膜、丰富的胞质角蛋白及细胞间的酸性糖胺聚糖，有抗弱酸和抗弱碱作用。正常皮肤偏酸性，而头部、前额及腹股沟处偏碱性。

四、生物性屏障

正常情况下，在皮肤角质层、毛囊、皮脂腺口漏斗部及汗管口寄生着许多微生物，在一定条件下可以致病，损害皮肤和机体组织。皮肤对生物性损害的防御作用主要有以下几个方面：致密的角质层和角质形成细胞之间通过桥粒结构镶嵌排列成板层状，能机械性阻碍一些致病微生物的侵入；皮肤表面干燥和弱酸环境对微生物生长繁殖不利；皮脂腺分泌某些不饱和脂肪酸，可抑制真菌的繁殖；皮肤角质层的代谢脱落也有利于皮肤寄生微生物的清除。

五、色素屏障

皮肤中的色素物质，吸收特定波长的辐射，经历了一系列的结构和化学变化，在某种程度上保护着机体遗传物质免受外界射线导致的损伤。

尤其是黑素细胞合成的黑素，吸收紫外线或其他射线，在保护皮肤免受辐射损伤过程中起着重要的作用。

【想一想】 皮肤的屏障功能除所介绍的五种外是否还有其他的功能？

【敲重点】

1. 皮肤的机械性屏障。
2. 皮肤的物理性屏障。
3. 皮肤的化学性屏障。

第二节　皮肤的吸收功能

人体皮肤虽有屏障防护作用，但不是绝对严密无通透性的，它能够有选择地吸收外界的物质。

一、皮肤的吸收途径

皮肤主要通过以下三个途径吸收外界物质。

1. 跨细胞途径

化学物质直接穿过角质细胞和细胞间基质，在水相和脂相中交替扩散。

2. 细胞间途径

主要是指化学物质绕过角质细胞，在细胞间基质中弯曲扩散。

3. 旁路途径

化学物质经毛囊、皮脂腺及汗腺等皮肤附属器直接扩散至真皮层。

二、影响皮肤吸收作用的因素

1. 皮肤因素

（1）年龄

婴儿和老年人的皮肤比其他年龄组更易吸收。

（2）部位

人体全身皮肤的屏障作用并不一致。阴囊最易透入，而面部、前额和手背比躯干、上臂和小腿更易透过水分。手掌皮肤除水分外几乎一切分子均不能透过，这也是接触性皮炎在手掌比手背明显减少的主要原因。

（3）皮脂膜

皮肤表面皮脂膜对阻止皮肤吸收的作用极微，可予忽视。有研究认为去除皮面脂质后不影响皮肤对水的通透性，使用脂溶剂如酒精和乙醚后，可促使某些化合物更易于被吸收，是因为损及表皮屏障而非单纯去除表皮脂膜。

（4）血流变化

当皮肤充血，血流增速时，经过表皮到真皮的物质很快即被移去，所以皮肤表面与深层之间的物质浓度差大，物质易于透入。

（5）屏障损伤与吸收

① 物理性创伤。磨损和粘剥后的皮肤易透入，若用胶布将角质层全部粘剥去，水分经皮肤外渗可增加30倍，各种外界分子的渗入也同样加速。

② 脱水。水分是角质层成形不可缺少的。若角质层水分含量低于10%，角质层即变脆易裂，肥皂和去污剂易于透入。影响角质层水分下降的因素有：a. 湿度，当露点下降时，水分即从皮肤表面蒸发直到角质层表面与外周环境形成新的平衡为止；b. 温度，温度低时角质层水分含量也降低，所以寒冷、干燥天气皮肤易开裂；c. 若角质细胞的细胞膜受损，它们的渗透功能受损，即使在良好的环境下水分也可以从细胞中丧失。摩擦，过度接触肥皂、清洁产品或脂溶剂也可使细胞膜损伤。细胞膜损伤后，束缚细胞内水分的保湿因子也流到细胞外，造成细胞功能不可逆地丧失。

③ 化学性损伤。损伤性物质如芥子气（二氯二乙硫醚）、酸、碱等伤害屏障细胞，使其通透性增加。

④ 皮肤疾患。影响角质层的皮肤病可影响其屏障作用。急性红斑和荨麻疹对皮肤的屏障和吸收作用无影响。角化不全的皮肤病，如银屑病和湿疹，可造成屏障功能减弱，而吸收功能则增强，皮损处水分弥散总是增速，外用的治疗药物在该处也比在正常皮肤处更易透入。

2.环境因素

（1）温度

外界温度升高时，皮肤的吸收能力增强，这是由于物质弥散速度也加快，物质被不断地移入血液循环中所致。

（2）湿度

当外界环境湿度增大时，角质层水合程度增加，皮肤吸收能力也增强。

3.被吸收物质的理化性质

（1）对脂溶性物质和水溶性物质的溶解度

表皮的通透性很大程度上是由细胞膜的脂蛋白结构所决定的。脂溶性物质（如酒精、酮等）可透入细胞膜（含脂质），水溶性物质因细胞中含蛋白质可吸收水分，故也可透入。角质层细胞的内部切面为镶嵌性，脂质占比为20%～25%，蛋白质占比为75%～80%，所以水溶性物质可通过蛋白质，有机溶剂则通过脂质而透入。

（2）透入物的分子量

分子量与通透常数之间尚无单相关。分子量小的氨气极易透入皮肤，分子量大的物质，如汞软膏、葡聚糖分子等也都可透入皮肤。而有些小分子物质则不易透入皮肤。这种情况可能和分子的结构、形状、溶解度等有关系。

（3）浓度

气体及大多数物质浓度愈大，透入率愈大；但也有少数物质浓度高，对角蛋白有凝固作用，反而影响了皮肤的通透性，致吸收不良。如苯酚，低浓度时，皮肤吸收良好；高浓度时，不但吸收不好，还会造成皮肤损伤。

三、常见吸收物

1. 水分

放在37℃水中的离体角质层，吸收的水分可高达60%，但完整的皮肤只吸收很少量的水分。水分主要是透过角质细胞的细胞膜进入体内，25℃时其通透常数为$0.5\times10^{-3}cm^2/h$。

2. 脂溶性物质

皮肤可大量吸收脂溶性物质，如维生素A、维生素D及维生素K容易经毛囊和皮脂腺透入。

3. 酚类物质

一般酚类物质可由皮肤透入。

4. 激素

睾酮、孕酮、脱氧皮质类固醇等容易迅速地被皮肤吸收。

5. 有机盐基类

皮肤对这类物质吸收情况各有不同，其中有植物碱、合成杀虫剂、抗组胺剂、镇静剂、防腐剂、收敛剂等，如果它们的盐基是脂溶性的游离盐基，则皮肤吸收良好；如果是水溶性的，则皮肤吸收不好。如尼古丁是脂溶性有机盐类物质，皮肤吸收良好。

6. 重金属及其盐类

重金属的脂溶性盐类可经皮吸收，如氯化汞可通过正常皮肤，但浓度超过0.5%可凝固蛋白质，妨碍其通过。金属汞、甘汞、黄色氧化汞主要经毛囊和皮脂腺而透入，表皮本身不能透过。氯化氨基汞本身不溶于水、脂质及有机溶剂，故极少吸收。临床上之所以能吸收是因为经角质层和汗液的酸化，使汞离子分解游离。

铅、锡、铜、砷、锑、汞与皮肤、皮脂中脂肪酸结合成复合物的倾向，使本来的非脂溶性变为脂溶性，从而使皮肤易于吸收。

【相关知识——皮肤的吸收作用与化妆品选用】

外来物质进入皮肤主要通过两个途径：表皮和附属器（皮脂腺、汗腺和毛囊）。多数情况下，物质是从表皮进入皮肤，并经历三个阶段：① 经皮渗透，即透过表皮进入真皮；② 皮肤吸收，在真皮通过毛细血管作用进入体循环；③ 在作用部位积聚。这是临床治疗疾病时的药物经皮给药的全过程，最终目的是利用皮肤给药的优点（使用方便和毒副作用小）治疗全身性疾病。药物的经皮给药实际上是经皮吸收给药。

化妆品的经皮输送过程与药物输送的主要区别在于化妆品功能性成分是以经皮渗透后积聚在作用皮肤层为最终目的，而非是将药物输送到全身。多数化妆品功能性成分需要进入皮肤，是按产品的有效性作用于皮肤表面或进入表皮或真皮，并在该部位积聚和发挥作用，不需要透过皮肤进入体循环。如防晒剂应滞留在皮肤表面，如果渗透到皮肤内，则失去了防晒剂的功能属性，且大大增加对皮肤的伤害机会。抗氧化剂、皮肤美白剂和抗衰老功效成分，经常是作用于表皮的角质形成细胞和黑素细胞，或真皮的成纤维细胞等，如果只是停留在皮肤表面而不能达到相应的作用部位，也失去了使用活性成分的意义。因此，化妆品从业人员在使用功能性成分的经皮输送时，要促进这些成分的经皮渗透，但要避免透皮给药。

【想一想】 影响皮肤吸收作用的因素有哪些？

【敲重点】

1. 皮肤的吸收途径。
2. 影响皮肤吸收作用的因素。

第三节　皮肤的感觉功能

正常皮肤内分布有感觉神经及运动神经，它们的神经末梢和特殊感受器广泛地分布在表皮、真皮及皮下组织内，能把来自外部的种种刺激通过神经传达到大脑，产生各种感觉，引起相应的神经反射，身体做出相应的反应，达到整合及传导环境-机体之间的信号，维持机体的自身稳态。正常皮肤内感觉神经末梢分为三种，即游离神经末梢、毛囊周围末梢神经网及特殊形状的囊状感受器。一般感知的感觉可以分为两大类，一类是单一感觉，如触觉、压觉、冷觉、温觉、痛觉、痒觉等，这种感觉是由于神经末梢或特殊的囊状感受器接受体内外单一性刺激引起的；另一类是复合感觉，如湿潮、干燥、平滑、粗糙、坚硬及柔软等，这些复合的感觉不是某一种特殊的感受器能完全感知的，而是由几种不同的感受器或神经末梢共同感知的，并由大脑皮层进行综合分析的结果。

生活中很多人会在气候变化、日晒、进食刺激性食物及使用化妆品后，出现皮肤瘙痒、紧绷、烧灼、刺痛等不适，使得皮肤处于一种高度敏感的亚健康状态。近年来，随着化妆品行业的兴起，“敏感皮肤”一词使用频率逐年上升。敏感性皮肤可以被认定为是一种易致敏且不耐受的皮肤状态，该状态下的皮肤对外界的轻微刺激均不耐受，极易产生瘙痒、刺痛、烧灼、紧绷等多种主观症状。近年来，研究和开发抗敏化妆品成为行业热点，特别是医学专家鼓励研究和开发临床辅助治疗功效性化妆品，因此化妆品从业人员需要了解和熟悉皮肤痒觉、痛觉等生理和病理生理机制。以下我们将详细地介绍这几种皮肤感觉的成因与外在表现。

一、痒觉

瘙痒是一种能引起搔抓欲望的不愉快的感觉，痒觉在生理上具有自我保护作用，防止有害成分与身体进一步接触。痒觉分为急性痒和慢性痒，一般而言急性痒快速产生，持续时间较短而且消失较快；而慢性瘙痒持续时间一般较长。

二、痛觉

痛觉是由一定的刺激（伤害性刺激）作用于外周感受器（伤害性感受器）换能后转变成神经冲动（伤害性信息），循相应的感觉传入通路（伤害性传入通路）进入中枢神经系统，经脊髓、脑干等直到大脑边缘系统和大脑皮质，通过各级中枢整合后产生疼痛感觉和疼痛反应。痛觉是一种复杂的感觉，常伴有不愉快的情绪活动和防卫反应，疼痛就其生物学意义来讲是一种警戒信号，表示机体已经发生组织损伤或预示即将遭受损伤而通过神经系统的调节引起一系列防御反应，这对于保护机体具有重要的作用。疼痛也是皮肤过敏引起的主要临床症状之一，因此值得皮肤管理师关注。

三、触觉

触觉是微弱的传导非伤害性刺激兴奋了存在于皮肤浅层的机械性触觉感受器引起的，是人类感知外界环境信息的重要渠道。这些信息不仅包含对一系列物体特征的感知，如物体形状、大小、表面结构，也包含了在人际互动中对社交行为中蕴藏的情感性信息的解读。基于各类触觉信息，人类得以顺利开展与环境的互动，可见触觉信息的整合是人们认识世界和赖以生存的基础。

四、温觉

机体通过温度感受器感知内外环境温度的变化。人和其他哺乳类动物皮肤热感受器和冷感受器分别感受热刺激和冷刺激。皮肤温度感觉不仅为维持体温在最佳恒定状态提供调节性输入信号，而且还可以感知潜在的损伤性温度刺激对机体的损伤，其传入信号参与触觉进行分辨不同物体和材料的温度。

五、冷觉

冷觉一般认为是由皮肤内的Krause小体（又称皮肤-黏膜感受器）传导的。主要分布在唇红、舌、牙龈、眼睑、龟头、阴蒂及肛门周围等处。在有毛皮肤及摩擦部位尚未发现这种感受器。但皮肤表面确有冷点存在，常成群分布，在2cm^{2}内约有33个。冷点的数目一般和皮肤的温度变化成正比，皮肤温度愈低，活动性冷点数目愈少；反之，则冷点数目增多。降低皮肤温度和外用薄荷制剂可以减轻皮肤瘙痒，可能与这两种受体有关。

六、压觉

压觉是指较强的机械刺激导致深部组织变形时引起的感觉，压觉是由皮肤内的Pacini小体传导的。这种感受器主要分布在平滑皮肤处，如手指、外阴及乳房等处，胰腺、腹后壁、浆膜及淋巴结等处也有。它常和其他的感受器或游离神经末梢共同感知各种复杂的复合感觉。触觉与压觉两者在性质上类似，只是机械性刺激强度不同，可统称为触-压觉。

【相关知识——皮肤感觉阈值】

人体表面各个部位密集分布着感受器，把所受刺激传输给大脑，从而作出相应反应。位置不同，感受能力也不同。作用于皮肤的能量达到一定的程度，使皮肤感受器起作用，产生皮肤感觉，这一最低的程度的能量称为感觉阈值。阈值越小，表明感受能力越强。

感受器的阈值，也受许多其他因素的影响。在某一特定部位，各种感觉阈值之间不一定有关，可相互不同，例如指端对触觉极敏感，但对温觉相对不敏感。触觉、温觉和冷觉的阈值有个体差异，也随不同部位而有所不同。皮肤温度是能改变各种感觉阈值的主要因素。众所周知，对某一温度的物体的感觉是冷还是热与接触该物体时的皮肤温度冷热有关。触觉和痛觉阈值也可因皮肤温度的改变而有所不同。许多其他局部因素，例如该处以前受刺激的多少，刺激是否作用于心理敏感区，皮肤的厚度及局部出汗量等，都可影响结果。恐惧、焦虑、暗示和以往经验可改变痛觉阈值。性别、年龄对此也有影响，女性温度阈值较低，而男性振动阈值较低。

各种感觉的阈值下肢比上肢高。线状物品接触手指有感觉，而接触足或小腿则无知觉；温度刺激手掌比足底更易感受。触觉阈值在指端、舌尖和口唇等处最低。这些部位差异很显著，可能与神经支配的密度不同有关。越是经常活动，皮肤较薄，阈值就越小。这是因为这些部位是最多感受刺激的地方，因而血管和神经末梢分布就较多、较密集，感受器也较密集。

【想一想】 皮肤的复合感觉还有哪些？

【敲重点】 1. 常见的皮肤单一感觉种类。
2. 皮肤的感觉功能作用机制。

第四节 皮肤的分泌和排泄功能

皮肤的分泌和排泄功能，主要是通过汗腺和皮脂腺来进行的。汗腺可分泌汗液，皮脂腺可排泄皮脂。汗腺分泌的汗液可补充角质层散失的水分，以保持角质层的正常含水量，使皮肤柔软、光滑、湿润。同时，汗液与皮脂的相互乳化力很强，能够与多种脂类混合物，如甘油酯、蜡酯、角鲨烯、胆固醇酯、胆固醇和游离脂肪酸等形成乳化剂，使皮肤柔软、润泽、防止干裂，使毛发润滑，防止毛发枯槁、断裂，给皮肤与头发以养护。

皮脂腺和汗腺分泌的多少，受地域、季节、工作环境等因素影响，皮脂与汗液排泄量减少，或者过度洗涤除去皮肤表面的皮脂，均可破坏皮脂膜的屏障功能，造成皮肤干燥和经皮水分丢失增加，轻则皮肤失去光泽，变得粗糙，严重可发生干裂、脱屑。

【想一想】 皮脂腺和汗腺的分泌量受哪些因素的影响？

【敲重点】 1. 皮肤的分泌和排泄的部位。
2. 影响皮脂腺和汗腺的分泌量的因素。

第五节 皮肤的体温调节功能

一、体温

人和高等动物机体都具有一定的温度，这就是体温。体温是机体进行新陈代谢和正常生命活动的必要条件。体温分为表层体温和深层体温。人体的外周组织即表层，包括皮肤、皮下组织和肌肉等的温度称为表层温度。机体深部（心、肺、脑和腹腔内脏等处）的温度称为深层温度。

1. 表层温度

人体的外周组织即表层，包括皮肤、皮下组织和肌肉等的温度称为表层温度。皮肤真皮层存在大量血管，皮下组织中有大量汗腺，因此皮肤主要通过控制流经皮肤血流量的多少及汗液的分泌来维持36～37℃的正常体温，也有部分热量通过热辐射散失。由于表层温度不稳定，所以各部位之间的差异也大。

皮肤温度与局部血液流量有密切关系。凡是能影响皮肤血管舒缩的因素（如环境温度变化或精神紧张等）都能改变皮肤的温度。在寒冷环境中，由于皮肤血管收缩，皮肤血流量减少，皮肤温度随之降低，体热散失因此减少。相反，在炎热环境中，皮肤血管舒张，皮肤血流量增加，皮肤温度因而上升，同时起到了增强发散体热的作用。人情绪激动时，由于血管紧张度增加，皮肤温度，特别是手的皮肤温度便显著降低。

2. 深层温度

深层温度比表层温度高且比较稳定，各部位之间的差异也小。这里所说的表层与深层，不是指严格的解剖学结构，而是生理功能上所作的体温分布区域。在不同环境中，深层温度和表层温度的分布会发生相对改变。在较寒冷的环境中，深层温度分布区域缩小，主要集中在头部与胸腹内脏，而且表层与深层之间存在明显的温度梯度。在炎热环境中，深层温度可扩展到四肢。

二、体温调节

人体体温的相对恒定是在体温调节中枢的调控下通过多种因素的参与而实现的。人体要维持体温的相对恒定，必须实时地将代谢产热散发到周围环境中。

人体体温调节机制包括生理性调节（如排汗、颤抖、血管舒缩等）和行为性调节（如温湿度控制）。生理性调节是基础的调节方式，但其能力是非常有限的，行为性调节可作为生理性调节的补充和保证，特别是在晴天活动中，行为性调节显得更加必要。

在一昼夜之中，人体体温呈周期性波动。清晨2～6时体温最低，午后1～6时最高。波动的幅度一般不超过1℃。体温的这种昼夜周期性波动为昼夜节律或日周期。女子的基础体温随月经周期而发生变动。在排卵后体温升高，这种体温升高一直持续到下次月经开始。这种现象很可能同性激素的分泌有关，实验证明，这种变动同血中孕激素及其代谢产物的变化相吻合。体温也与年龄有关，儿童的体温较高，新生儿和老年人的体温较低。新生儿，特别是早产儿，由于体温调节机制发育还不完善，调节体温的能力差，所以他们的体温容易受环境温度的影响而变动。肌肉活动时代谢增强，产热量因而增加，结果可导致体温升高。此外，情绪激动、精神紧张、进食及饮水等情况对体温都会有影响。环境温度的变化对体温也有影响。

三、体温调节功能与化妆品研发

许多化妆品研究人员认为，皮肤的体温调节功能对开发化妆品没有多少指导意义，其实不然。化妆品用于体表护理，在使用感觉方面常常有易涂抹、厚重感、黏腻等描述。这些描述一方面与皮肤的触觉有关；另一方面，与体温调节功能也密切相关。不同剂型、不同流变参数的化妆品严重地影响产品使用感觉，主要因素是产品对皮肤的封闭状态不一样，封闭状态影响了皮肤的蒸发热或辐射热等，皮肤感觉发生变化，从而引起消费者对某些产品产生不一样的喜好度。消费者在不同区域、季节对产品的使用感觉有不同需求，其实是皮肤体温调节功能机理所在。

【想一想】 皮肤管理师了解皮肤的体温调节功能，对于帮助顾客选择和使用化妆品有什么意义？

【敲重点】 1.体温的分类。
2.影响体温的因素。

第六节　皮肤的代谢功能

生物体对于能量和营养物质的代谢几乎贯穿着整个生命过程，从细胞的发育、增殖、分化到成体组织中各类细胞之间功能稳态的维持无一不存在着持续不断合成和分解代谢的过程。在生物体中，免疫系统需要持续感受、识别和应答环境中的“自我”和“非自我”物质。这需要大量的能量和代谢中间物来满足生物合成需求，从而完成增殖、分化以及效应功能的执行。

皮肤细胞有分裂增殖、更新代谢的能力。皮肤作为人体的一部分，组织参与人体的糖、蛋白质、脂类、水和电解质代谢。皮肤的新陈代谢最活跃的时间是在晚上10点至凌晨2点，在此期间保证良好的睡眠对养颜颇有好处。

健康皮肤的表皮细胞代谢具有自己的规律。但是，在内外因素的影响下或者某些疾病状态下，表皮细胞代谢发生紊乱，从增殖、分化、成熟到脱落的过程发生变化。表皮细胞代谢紊乱导致的表皮脱落困难，如干燥皮肤皮屑、异常大块头皮屑、痤疮皮脂腺开口处表皮角化异常等。下面主要介绍表皮细胞的新陈代谢。

与许多体内其他细胞不同，角质形成细胞为一种不断增殖、分化和更新的细胞，这主要是与它的基本功能相适应的。如图4-2所示，一般来说，表皮的新陈代谢周期为28天，其中基底母细胞分裂子细胞并推移到角质层需要14天，死亡细胞在角质层停留14天，共28天为一个周期。但是随着年龄的增长、人体的老化，皮肤新陈代谢的周期不是永远都保持在28天，18岁以后皮肤新陈代谢的周期大约为自己的年龄加上10天左右，所以年龄越大，代谢周期越长。

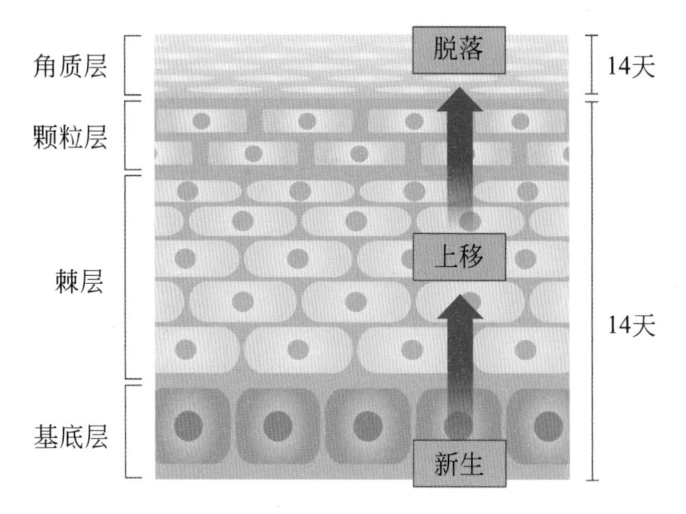

图 4-2　皮肤新陈代谢功能

【想一想】　皮肤管理师掌握皮肤代谢功能的相关知识，对于帮助顾客形成健康、规律的生活习惯有什么指导意义？

【敲重点】　1. 表皮的新陈代谢周期。
2. 表皮细胞的代谢机制。

第七节　皮肤的免疫功能

免疫（Immune）是指机体免疫系统识别自身与异己物质，并通过免疫应答排除抗原性异物，以维持机体生理平衡的功能。

皮肤作为分隔机体与外界环境的器官，是机体抵御微生物入侵、物理化学因素损伤和外伤的第一道防线。除作为物理屏障外，皮肤还是人体一个巨大的免疫反应场所，能有效地启动免疫应答并且能够及时恢复和维持免疫稳态以避免免疫病理损伤，皮肤中的多种免疫细胞介导的免疫反应维持着人体与外界环境的和谐共存，在疾病状态下，各免疫反应环节的异常可促进疾病的发生发展。皮肤免疫功能调节紊乱会导致炎症性皮肤病，如银屑病和特应性皮炎。

一、皮肤免疫系统

经典的免疫学将免疫系统分为先天性免疫（固有免疫）和适应性免疫（特异性免疫），区别在于适应性免疫具有抗原特异性和免疫记忆功能，而先天性免疫缺乏抗原特异性和免疫记忆功能。实际上，二者密不可分，先天性免疫启动适应性免疫，适应性免疫功能的实现依赖于先天性免疫。

皮肤各免疫系统又分别包括免疫细胞和免疫分子。它们相互之间形成复杂的网络系统，并与体内其他免疫系统相互作用，共同维持着皮肤微环境和体内环境的稳定。

皮肤免疫系统对机体起着防御功能、自稳功能、免疫监视功能三方面的重要作用。

二、影响皮肤免疫的因素

研究表明，影响皮肤免疫的因素主要包括紫外线、皮肤衰老及皮肤瘢痕等。尤其是紫外线，其照射可引起朗格汉斯细胞的形态结构、数量及功能发生一定程度的改变，这是皮肤免疫系统产生抑制的先决条件。

【课程资源包】 

皮肤生理功能

【想一想】 皮肤免疫系统分为哪两部分？

【敲重点】 1. 皮肤免疫系统的作用。
2. 影响皮肤免疫的因素。

【本章小结】

本章介绍了皮肤的“屏障功能”、“吸收功能”、“感觉功能”、“分泌与排泄功能”、“体温调节功能”、“代谢功能”及“免疫功能”。掌握本章内容有助于皮肤管理师更好地为顾客的皮肤进行辨识与分析。

【职业技能训练题目】

一、填空题

1. 皮肤的屏障功能有：（　　）、（　　）、（　　）、（　　）、（　　）共五个功能。
2. 皮肤主要通过三个途径吸收外界物质，它们分别是（　　）、（　　）、（　　）。
3. 皮肤具有分泌和排泄功能，这主要是通过（　　）和（　　）进行的。

二、单选题

1. 皮肤主要通过跨细胞途径、（　　）、旁路途径吸收外界物质。
   A. 细胞膜途径　　B. 皮脂膜途径
   C. 细胞间途径　　D. 皮脂腺途径
2. 以下哪种功能不属于皮肤的主要功能（　　）。
   A. 屏障功能　　B. 呼吸功能　　C. 感觉功能　　D. 吸收功能
3. 皮脂由（　　）排泄而来。
   A. 外泌汗腺　　B. 皮脂腺　　C. 顶泌汗腺　　D. 表皮细胞
4. 以下关于皮肤的屏障功能说法正确的是（　　）。
   A. 棘层是皮肤防护化学性刺激的主要结构
   B. 当角质层的厚度变薄受损时，皮肤的通透性增强，影响表皮屏障的正常功能
   C. 皮肤的屏障功能具有单向性
   D. 皮肤对电损伤的防护作用主要由基底层完成
5. 以下属于皮肤单一感觉的是（　　）。
   A. 湿潮　　B. 冷觉　　C. 粗糙　　D. 坚硬

三、多选题

1. 正常皮肤内感觉神经末梢有（　　）。
   A. 毛囊周围末梢神经网　　B. 特殊形状的囊状感受器
   C. 神经纤维　　D. 交感神经

E. 游离神经末梢

2. 有关皮肤的吸收作用，说法正确的有（　　）。

A. 角质层是影响皮肤吸收能力的最重要途径

B. 角质层厚，皮肤吸收能力强

C. 皮肤糜烂、溃疡处，皮肤吸收能力增强

D. 不充血的地方要比充血的地方，皮肤吸收能力强

E. 皮肤对脂溶性物质吸收能力强于水溶性物质

3. 皮肤屏障主要包括（　　）。

A. 机械性屏障　　B. 物理性屏障

C. 化学性屏障　　D. 色素屏障

E. 生物性屏障

4. 皮肤的复合感觉主要有（　　）。

A. 干燥　　B. 平滑　　C. 坚硬　　D. 柔软　　E. 痛觉

5. 下列选项正确的有（　　）。

A. 皮肤的新陈代谢最活跃的时间是在晚上10点至凌晨2点，在此期间保证良好的睡眠对养颜颇有好处

B. 皮肤作为分隔机体与外界环境的器官，是机体抵御微生物入侵、物理化学因素损伤和外伤的第一道防线

C. 消费者在不同区域、季节对产品的使用感觉有不同需求，其实是皮肤体温调节功能机理所在

D. 人体皮肤虽有屏障防护作用，但不是绝对严密无通透性的，它能够有选择地吸收外界的物质

E. 皮肤的分泌和排泄功能，主要是通过汗腺和皮脂腺来进行的

四、简答题

1. 皮肤有哪些生理功能？

2. 简述影响皮肤吸收作用的因素。

第五章 基础化妆品的应用

【知识目标】

1. 了解基础化妆品的常见剂型。
2. 掌握化妆品的定义。
3. 掌握化妆品与药品的区别。
4. 掌握皮肤清洁、保湿和防护的目的与原则。
5. 掌握基础化妆品的分类。
6. 掌握皮肤清洁、保湿和防护误区。

【技能目标】

具备为顾客提供基础化妆品咨询的能力。

【思政目标】

1. 熟悉《化妆品监督管理条例》(2020版)。
2. 掌握理论联系实际、在实践中发现和检验真理的方法。

【思维导图】

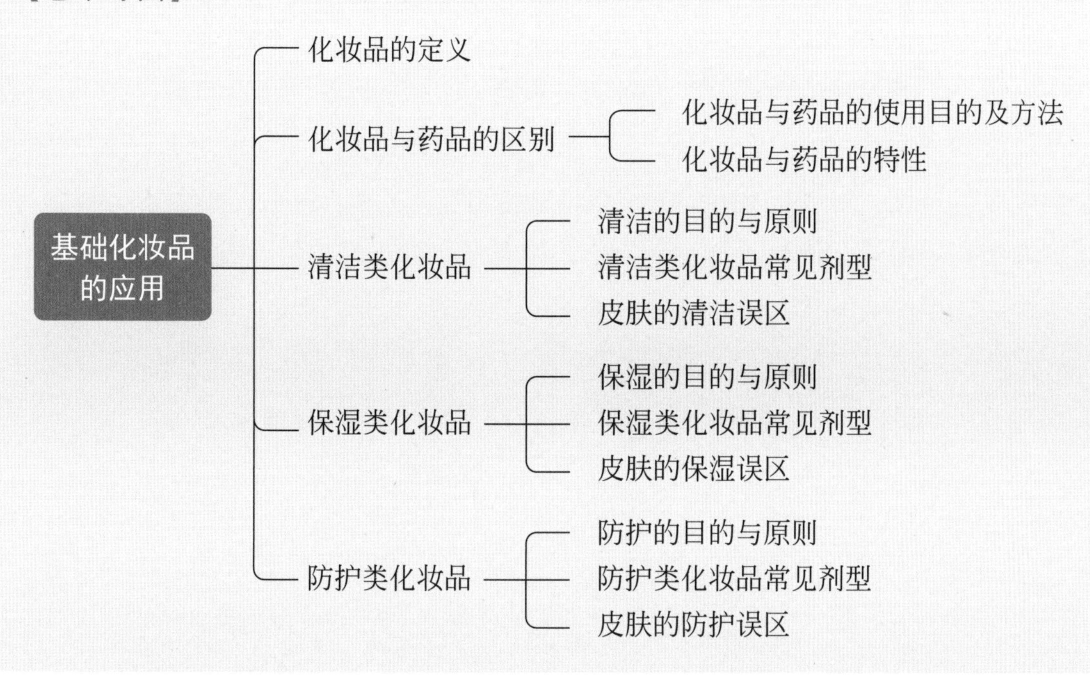

化妆品与人们的生活密切相关，了解什么是化妆品，掌握化妆品与药品的区别，是正确选用化妆品的前提。现今，市场上有越来越多新研发的化妆品种类，从应用方面主要分为清洁类化妆品、保湿类化妆品、防护类化妆品，这三类化妆品统称为基础化妆品。了解基础化妆品，对于皮肤管理师帮助顾客选择化妆品有重要的指导意义。

第一节　化妆品的定义

《化妆品监督管理条例》（2020版）中化妆品的定义是指以涂擦、喷洒或者其他类似方法，施用于皮肤、毛发、指甲、口唇等人体表面，以清洁、保护、美化、修饰为目的的日用化学工业产品。

由以上定义可以知道化妆品必须是日用化学工业产品，并同时满足以下三个条件。

第一，使用方法为涂擦、喷洒或其他类似方法（揉、擦、敷等）。

第二，使用的部位为人体表面如皮肤、毛发、指甲、口唇，也包括其他人体表面部位，如腋窝、头皮、外生殖器等。

第三，使用目的为清洁、保护、美化、修饰。

牙膏不属于化妆品，但依《化妆品监督管理条例》（2020版）规定，牙膏参照本条例有关普通化妆品的规定进行管理。香水、面霜、护手霜、眼影、防晒霜、隔离霜、腮红、BB霜、沐浴露、洗发水、洗面奶、发胶、口红、剃须膏这些产品，全是符合化妆品的定义的，因此皆可称之为化妆品。

【想一想】 漱口水是否属于化妆品？

【敲重点】

1. 化妆品的使用方法。
2. 化妆品的使用部位。
3. 化妆品的使用目的。

第二节 化妆品与药品的区别

随着人民生活水平的不断提高，人们对于化妆品的要求也越来越高，有些特殊化妆品的功效与药物治疗的效果相差无二，但化妆品和药品的定义以及在国家监管层面有着很大的不同。不同于美国和日本等国家，我国药品和化妆品是严格区分开来的，不存在“药妆品”“医药护肤品”和“药妆”等化妆品的分类或名称。并且根据《化妆品监督管理条例》（2020版），化妆品标签和广告禁止标注明示或者暗示具有医疗作用的内容。

一、化妆品与药品的使用目的及方法

化妆品是以清洁、美化、修饰、保护为使用目的，让我们自身保持一种良好外观状态的产品。而药品是指用于预防、治疗、诊断人的疾病，有目的地调节人的生理机能并规定有适应证或者功能主治、用法和用量的产品。

化妆品仅可外用，而药品的使用可包含外敷、内服、注射等。

二、化妆品与药品的特性

化妆品与药品不同，有各自的特性（见表5-1）。化妆品与药品在性质方面比较，有其相同点和不同点，相同点是两者都必须具有安全性、使用性、有效性和稳定性。两者在安全性和使用性方面存在些许的差异：①高度的安全性。化妆品最重要的是安全性，消费者可以在皮肤管理师的指导下自行购买基础化妆品并且长期使用。而药物是为了治疗疾病而使用，并且需要专业医生的指引，所以在保证安全性的基础上功效作用会相对而言比较重要，副作用的存在是可以接受的。②良好的使用性。消费者在选择化妆品的时候，使用性（如颜色、气味、触觉等）是一个很重要的考虑因素，厂家需要迎合消费者需求，加入各种色料、香料、起泡剂等辅料。而药品则是由专业的医生来判别这一款药物的使用性，然后配给适合且需要的患者。药品在使用上病愈停药，基础化妆品则可终生使用。

表5-1 化妆品和药品的区别

比较维度	化妆品	药品
使用目的	清洁、美化、修饰、保护	预防、治疗、诊断人的疾病，有目的地调节人的生理机能并规定有适应证或者功能主治、用法和用量
使用方法	仅可外用	可包含外敷、内服、注射等
安全性	对安全性的要求是非常高的，一般来说，要求其在正常以及合理的、可预见的使用条件下，不得对人体健康产生危害	在保证安全性的基础上功效作用会相对比较重要，副作用的存在是可以接受的
使用性	注重使用舒适性，可终生使用	由专业的医生来判别一款药物的使用性，然后配给适合且需要的患者，治疗疾病使用，病愈停药

【想一想】 化妆品和药品的区别是什么？

【敲重点】 1.化妆品与药品在使用目的及使用方法上的区别。
2.化妆品与药品在安全性及使用性上的区别。

第三节　清洁类化妆品

清洁类化妆品是日常生活中应用最广泛的一类化妆品，它能够有效清洁皮肤、除去皮肤表面污垢，保护皮肤的美观健康。

一、清洁的目的与原则

1. 皮肤污垢

皮肤污垢是指附着在皮肤表面的垢着物，能影响毛孔通畅，妨碍皮肤和黏膜正常生理功能的发挥。

（1）生理性污垢：由人体产生、分泌或排泄的代谢产物，包括老化脱落的细胞、皮脂、汗液、黏膜和腔道的排泄物。

（2）病理性污垢：皮肤病患者的鳞屑、脓液、痂等；高热增加的汗液；腹泻、呕吐等排泄物。

（3）外源性污垢：包括微生物、环境污物、各类化妆品和外用药物的残留；以颗粒状物沉积在皮肤表面的尘土、金属或非金属的氧化物。

这些污垢如果不及时清洗将堵塞腺体毛孔，影响皮肤的新陈代谢，导致皮肤粗糙，加速老化，或使皮肤产生过敏反应，甚至造成皮肤感染。

2. 清洁目的

清洁皮肤能清除皮肤表面的污垢、过剩的油脂、残妆及老化的角质细胞，使皮肤毛孔通畅，保持皮肤干净、柔软，防止产生问题，对养护和保健皮肤极为重要。并且，清洁皮肤还可促进皮肤血液循环，增进皮肤健康和身心愉悦。

3. 清洁原则

选择清洁类化妆品必须遵循要温和地去除皮肤表面污垢，不能破坏皮肤正常的脂质结构，不导致皮肤干燥、刺激的原则。

二、清洁类化妆品常见剂型

市场上清洁类化妆品主要分为洁面类化妆品和卸妆类化妆品。洁面类化妆品常见剂型为：膏霜乳、液体、凝胶、粉状等。以下简单介绍几种常见剂型。

1.洁面类化妆品常见剂型

（1）膏霜乳

市场上常见的清洁类膏霜乳剂型有洗面奶、洁面乳、磨砂膏等。

① 洗面奶，一般情况下，洗面奶呈现乳液状或膏霜状，其主要成分是表面活性剂，通过表面活性剂的润湿、乳化或者增溶等作用除去皮肤表面的污垢。此外，为了润滑皮肤和防止过分脱脂，一般会添加适量的保湿剂和润肤剂，从而帮助皮肤在清洁的同时自觉舒适不紧绷。

② 无泡/低泡洗面乳，适用于干燥皮肤、敏感皮肤。

③ 磨砂膏也称磨面膏，是在洁面霜的基础上，添加了直径为0.1～1.0mm的细微颗粒。磨面膏能清除皮肤表面的污垢，还会清除未完全脱落的角质层细胞。故使用时切勿过度用力，以免造成皮肤屏障损伤，产生不适感。一般情况下不建议使用。

（2）液体

液体类洁面产品常见的是洁面水和洁面慕斯。洁面水可配合化妆棉局部使用。洁面慕斯也称洁面泡沫。洁面慕斯在包装瓶内，看上去是透明的液状物体，但是从泵口挤压出来以后，就变成了丰富细腻的泡沫。这种取用方式，不用消费者自己揉搓起泡，十分方便快捷。

洁面慕斯含水量高，使用感觉更轻薄，质感细腻柔软，在脸上的摩擦力小，清洁力也比较适中，其洁面效果多通过温和的乳化和其他溶剂等发挥作用。同时，配方简单，和普通的洁面乳相比，免增稠，表面活性剂浓度较低，温和，清爽无残留，适合各种皮肤类型和各种季节使用。如氨基酸类表面活性剂的洁面慕斯，肤感更舒适，使用后皮肤滋润光滑，不紧绷。

（3）凝胶

市面上，凝胶剂型常见的是洁面啫喱。洁面啫喱需要揉搓出泡沫后进行清洗，和常见泡沫洗面奶使用方法一致。

（4）洁面粉

主要是由表面活性剂和一些粉剂赋形剂组成的，这类产品往往添加一些功效成分，比如美白成分、收敛毛孔成分等，因为这些成分在干粉状态下比较稳定，容易保存。洁面粉需要加水混合后使用，产品清洁力强。

2.卸妆类化妆品常见剂型

现在，需要化妆、愿意化妆的人越来越多，对于如何彻底卸妆、清洁、避免有害物质停留，是人们比较关注的。皮肤卸妆、清洁也是皮肤保养的开始。卸妆类化妆品常见剂型包括卸妆油、卸妆水、卸妆霜、卸妆乳、卸妆凝胶等。

判断卸妆品的优劣，不能只看其外观形状或卸妆能力，还必须考量这些卸妆成分是否具有刺激性，是否会对皮肤造成伤害。以下简单介绍几种常见的卸妆产品。

（1）卸妆油

卸妆油大多数是加了乳化剂的油脂，多数对皮肤有一定的刺激性，卸妆油根据相似相溶原理设计，以油溶油，使其可与脸上的彩妆油污融合，还通过水乳化的方式，可以在用水冲洗时将脸上的污垢带走，之后再使用洁面产品洗去残留的油脂，卸妆油比卸妆霜清除彩妆效果更显著。

卸妆油的质量功效是由所用的油脂及乳化剂品质决定的。

虽然纯油脂是可以卸妆的，但是油脂附着在脸上的触感和清水冲洗不掉的油腻感，不是轻易可以接受的，所以一般还会在卸妆油中加入乳化剂。乳化剂是表面活性剂，同时具有亲水基和亲油基，可以把油脂分解成细小的颗粒，这样在乳化和清洗之后，油脂就会稀释而更容易去除。

（2）卸妆水

卸妆水是指不含油分的卸妆产品，使用它卸妆后，直接用清水冲洗，即完成卸妆步骤，使用起来十分简便。此类产品的类型，主要分为两类，淡妆使用的弱清洁力配方和专门针对浓妆设计的强效型配方。两者无论是对皮肤的刺激，还是卸妆效果都有极大的差别。下面分别进行介绍。

① 弱清洁力卸妆水，针对的受众是化淡妆的人。这类卸妆水，主要成分为多元醇类。多元醇，是一种很好的保湿剂，具有极好的亲肤性及亲水性，是极佳的溶剂，可以溶解部分附在皮肤上的油脂污垢，使用后皮肤有极佳的

触感，既不油腻也不紧绷，并且因为其良好的亲水性，所以也不用担心残留或伤害皮肤。

② 强清洁力卸妆水，其主要成分有作为浸透助溶剂及保湿的多元醇，还有真正作为卸妆成分的溶剂、具有强去脂能力的表面活性剂、帮助溶解角质的碱剂等。起卸妆作用的溶剂对脸上的彩妆有极强的溶解力，可以在短短的接触时间内，卸除眼影、口红等高彩度的彩妆，但溶剂对皮肤角质和细胞膜也有相当程度的渗透。对皮肤细胞来说，溶剂是外侵异物，经长时间残留，会渗入细胞膜内，危害皮肤健康。同时，其中含有的表面活性剂和碱剂也会过度去除皮肤表面的皮脂，导致皮肤干燥，形成皱纹，最终肤质变差和造成皮肤敏感。

（3）膏霜乳状卸妆产品

膏霜乳状卸妆产品，是指由卸妆油脂、水和乳化剂一起乳化制成的卸妆产品，包括卸妆膏、卸妆霜、卸妆乳等。乳状质地容易涂抹开，使用后可以轻易用水清洗干净，适合化淡妆的人使用。

（4）卸妆凝胶

卸妆凝胶外观透明，其卸妆效果的强弱，与配方所用的成分有关。主要成分和上述淡妆使用的弱清洁力卸妆水相同，是多元醇类，对皮肤的伤害小。而卸妆力较强的卸妆凝胶，添加在配方中的表面活性剂比例增多，对皮肤有一定的刺激。

（5）卸妆湿巾

卸妆湿巾不含油脂成分，是由含有机溶剂或表面活性剂的卸妆水浸润的棉片，故归根结底还是强效卸妆水，除了使用便捷这一优点，它的缺点和强效卸妆水一样，具有某种程度的刺激性。此外，刺激性还和无纺布的质量有关系。

（6）特殊卸妆产品

眼周皮肤薄，比较特殊，很脆弱，需要专门的卸妆产品，还要用最温柔的卸妆方法，才不会伤害到眼周皮肤。唇部的皮肤也格外需要注意，容易受到刺激产生过敏，一般针对眼部的卸妆品也可用于唇部。

三、皮肤的清洁误区

误区一：洁面产品含有化学成分，用清水洁面最安全、最好。

用清水洁面只能达到清洁皮肤表面的灰尘、汗渍的效果，无法取代洁面产品起到的去除油性污垢的作用。

误区二：洗完脸可以自然风干，起到补水作用。

很多人在洁面结束后，故意不擦脸上的水，觉得这样皮肤比较水润，可以补水，感到舒服。然而事实上，在风干的过程中会带走更多皮肤的水分，反而导致皮肤更干燥，因此自然风干后的脸会更加紧绷。

误区三：使用泡沫型洗面奶，皮肤易紧绷，水分易流失。

很多人认为泡沫型的洗面奶，会带走皮肤的大量水分，事实上，使用泡沫型洁面产品，皮肤出现的紧绷感，是因为所使用的清洁产品过度地去除了皮脂，这是由产品成分导致的，与泡沫丰富度无关。不是所有泡沫洁面产品使用后都会出现皮肤紧绷的现象。

误区四：使用毛巾、洁面海绵洗脸会更干净。

毛巾、洁面海绵不能清除皮肤深处的污垢和油脂，而且还容易过度摩擦皮肤，这样会刺激皮肤，导致皮肤角质层受损。

误区五：夏天皮肤出油，多用清水洗，可以去油。

炎热的季节，气温高，导致面部油脂分泌旺盛，皮肤时常处于油油的状态，于是很多人为保持皮肤清爽，一天中会多次用清水洗脸。但是频繁洁面不仅不能解决面部油脂分泌过多的问题，而且还会带走更多的水分，从而导致面部油脂分泌加剧。

误区六：洗面奶的泡沫越多越好。

单凭泡沫量来判断洗面奶的品质优劣这个想法是错误的。品质优的有泡洗面奶，泡沫应该细腻、质地好，而非粗糙不绵密。

误区七：洗面奶需要经常更换。

不同的洁面产品所含的基础成分不同，皮肤是需要一段时间适应的，如果目前使用的洗面奶感官不错，是不需要更换的。

误区八：用热水洁面会更干净。

过热的水虽然可以软化角质，但也会伤害角质层。使用过热的水洁面会导致皮肤松弛，毛孔增大，皮肤粗糙。

误区九：洁面时间越久越干净。

洁面时间过长会造成过度清洁，除掉面部必要的皮脂，容易造成皮肤紧绷、干燥。

误区十：皮肤是需要净化的。

很多人认为长期带妆卸妆，容易导致肤色暗沉，所以每周都要有一天不化妆、也不涂护肤产品，让皮肤呼吸，保持自然状态，这个做法是错误的。常化妆的人偶尔素颜，可以帮助皮肤减轻负担，但不是什么都不涂，必要的保湿、滋润和防护工作还是需要的。

误区十一：防晒霜必须用卸妆产品才能卸干净。

是否用卸妆产品，主要取决于防晒霜的种类。普通的防晒霜可以直接用洁面产品清洗，防水的防晒霜，不易清洗，可选用卸妆产品卸除，根据情况再使用洁面产品。

误区十二：每天都需要卸妆。

不化妆是不需要卸妆的。一般的防护产品只需要用普通的洁面产品就可以清洗干净。

【想一想】 如何选择适合自己的清洁类化妆品？

【敲重点】 1. 清洁的目的和原则。
2. 清洁类化妆品常见剂型。
3. 皮肤的清洁误区。

第四节　保湿类化妆品

护肤类化妆品有不同功效，如保湿、抗氧化、抗皱、控油等。保持皮肤细嫩、紧致、饱满、亮丽的关键在于皮肤角质层的含水量，因此保湿是护肤的关键步骤，下面主要介绍基础化妆品中的保湿类化妆品。

一、保湿的目的与原则

皮肤是重要的贮存水分的器官，其贮水量仅次于肌肉。正常情况下，皮肤的含水量占人体水分总量的18%～20%。

1.皮肤含水量与皮肤状态的关系

当皮肤角质层含水量减少时，皮肤会出现如下变化。

（1）外表变化

皮肤失去弹性与光泽、出现干纹、暗沉、粗糙及脱屑等情况，长期干燥，会产生皱纹。

（2）自我感受变化

不适感增加，皮肤感觉紧绷、瘙痒。

（3）屏障功能变化

皮肤的保湿和屏障功能逐渐减弱。研究证明，皮肤干燥是许多皮肤问题的诱因之一，例如皮肤敏感等。

（4）吸收能力变化

皮肤角质层的含水量会影响皮肤的吸收能力。

（5）油脂分泌量变化

当皮肤干燥时，皮肤倾向于分泌更多油脂。

2.保湿的目的

保湿类化妆品是指化妆品里面添加保湿成分，使皮肤角质层能保持一定的含水量，能增加皮肤水分、润度，以恢复皮肤的光泽和弹性，对皮肤进行保护修护，达到调理和给予皮肤营养的目的，使皮肤滋润、健康。此外，保湿类化妆品具有抗炎作用和止痒作用。

3. 保湿的原则

首先要保证皮肤角质层的健康，再根据皮肤状态，适当地选择补水、滋润与保湿的产品。

二、保湿类化妆品常见剂型

保湿类化妆品的种类很多，根据产品的用途和类型，可以分为保湿面膜、化妆水、保湿凝胶、保湿乳液、保湿面霜等。

1. 保湿面膜

面膜利用覆盖在面部皮肤的短暂时间，暂时隔离外界环境的污染，打开皮肤毛孔，促进汗腺分泌与皮肤新陈代谢，有利于皮肤除去表皮细胞的代谢产物和积累的脂类物质，也可以帮助面膜中的水分，逐步渗入皮肤的角质层，使皮肤变得柔软、弹性增加。保湿面膜是指在普通面膜中添加了保湿剂，能够更高效地补充皮肤水分，提高皮肤的含水量，促进皮肤水油平衡，对于正常肤质而言，保湿面膜产品适合周护理，一周一次即可。

2. 化妆水

化妆水是爽肤水、柔肤水、收敛水的统称，是一种透明液态的产品，涂抹在皮肤表层，可以用来清洁皮肤、补充水分。爽肤水、收敛水适合天气较热时脸上比较爱出油的人使用，柔肤水适合干燥的季节使用，化妆水在基础护肤中起到了承前启后的作用。

3. 保湿凝胶

凝胶质地透澈，在同类化妆品中，瞬间补水力较强。

4. 保湿乳液

乳液具有良好的渗透性，补充肌肤流失的水分，保湿剂与润肤剂兼具保湿和柔软皮肤的功效，触感清爽而不油腻，尤其是针对中性、油性皮肤的低脂乳液，涂上后极易吸收，其亲肤性更强。

5. 保湿面霜

面霜具有持久的锁水能力，可保护皮肤的水分平衡，使皮肤柔软滋润。

面霜在使用上有很多不同，有的清爽、易清洗，有的厚重且不易清洗，保湿面霜可以有很好的滋润或保湿效果，比如在使用精华液后，用面霜在皮肤表面涂上一层，可以让精华液的散失速度减慢。通常乳液的锁水效果不及面霜。

三、皮肤的保湿误区

误区一：抗衰老、美白的需求更重要，保湿可以不用做。

皮肤干燥会影响对化妆品的吸收能力，就像过于干燥的海绵，水分会先直接流过，根本没法吸收，只有在一定湿润状态下的海绵才有极佳的吸收力，皮肤亦是如此，想要达到皮肤美白、紧致、抗衰老的护理效果，皮肤保湿是基础，只有这样才能达到护理的预期效果。

误区二：皮肤干燥时，多用喷雾型化妆水就可以解决，不需要其他的保湿产品。

虽然喷雾中含有微量的矿物元素，可以镇静敏感皮肤、补充水分，但喷雾中缺少油性成分，一旦频繁使用喷雾，同时又没有使用其他的产品来锁水，反而会导致皮肤更容易流失水分。

误区三：天天敷保湿面膜，皮肤就一定会水润。

天天敷面膜，只是暂时地提高了皮肤的水润度，如果不解决皮肤屏障功能的问题，皮肤依然会干燥。

误区四：明星保湿成分就一定是好的，比如只要使用含胶原蛋白、透明质酸等这些保湿成分的产品，就能够肤如凝脂。

其实，没有任何一种保湿成分是完美的，使用时必须考虑本身肤质、周围环境，适不适合使用这种成分，也要考虑怎么使用，才能真正使皮肤保湿。例如，大分子透明质酸起到锁水保湿作用，小分子透明质酸起到补水保湿作用，但是都不能修复皮肤屏障。对于屏障受损的干燥皮肤，只用透明质酸并不能起到很好的保湿效果。

误区五：多喝水皮肤就不会变得干燥。

研究表明，多喝水几乎不会缓解皮肤干燥，因为水分是在向皮肤细胞输送，但通常是在到达皮肤之前就代谢掉了。

误区六：油性皮肤不需要保湿。

因为油性皮肤的角质层厚，保湿成分不容易被吸收，更容易出现水油不平衡的状况。所以，建议油性皮肤进行保湿时，选择的保湿类化妆品要以补水为主，避免皮肤缺水干燥，从而分泌过多油脂，堵塞毛孔。

【想一想】 如何选择适合自己的保湿类化妆品？

【敲重点】 1.保湿的目的与原则。
2.保湿类化妆品常见剂型。
3.皮肤的保湿误区。

第五节　防护类化妆品

日光中的紫外线会加速皮肤老化、增加色斑、加剧皮肤问题。因此，科学光防护是十分有必要的。

一、防护的目的与原则

日光中的紫外线（UV/UVR）对皮肤的危害早已被公认，近年来可见光和红外线对皮肤的影响也逐渐受到关注。如图5-1所示，UVR波长在100～400nm，分为以下三个波段。

长波紫外线（UVA）：波长320～400nm，占地表UVR的95%。UVA穿透能力强，可透过薄衣物、普通透明玻璃等，并可穿过皮肤表皮，到达真皮层，破坏皮肤的弹力纤维和胶原蛋白，使皮肤失去弹性，长时间照射会导致皮肤出现松弛、皱纹、微血管浮现等皮肤光老化问题。同时，UVA又能激活体内酪氨酸酶，导致黑素即时形成和沉积，使皮肤表面的雀斑、黄褐斑等各种色斑增多、变大、变深。

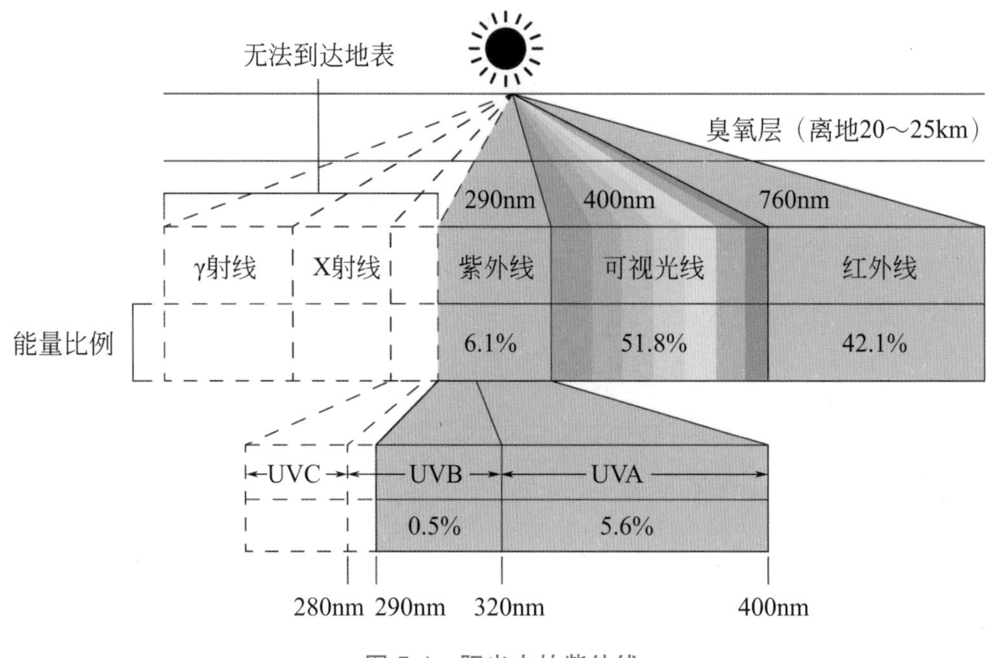

图 5-1　阳光中的紫外线

中波紫外线（UVB）：波长280～320nm，占地表UVR的5%，其中290～320nm的UVB可穿透大气层，易被玻璃阻隔。能到达表皮基底层，生物学效应强，为UVA的100倍。起初会引起皮肤的即时晒伤，也会使皮肤表面起保护作用的脂质层氧化，导致皮肤干燥，进一步使表皮的细胞内核酸和蛋白质变性，出现晒伤症状，皮肤变红、发痛；长时间的暴晒，还容易导致皮肤癌变。此外，UVB的长期伤害，会引起黑素细胞的变异，形成难以消除的色斑。

短波紫外线（UVC）：波长100～280nm，穿透能力弱，被大气臭氧层吸收，几乎不能到达地面，因此其对皮肤的影响可以忽略。UVC可以破坏细胞生物膜，损伤DNA，杀灭微生物。医院用于消毒的紫外线灯就是人工UVC光源，操作时要注意防护。

1.防护目的

日光可导致、诱发或加剧一系列皮肤反应和眼睛反应，如下所示。

（1）皮肤反应

① 红斑反应：也称晒伤，为急性炎症反应。主要表现为日晒部位出现红斑、肿胀，重者发生水疱，自觉灼痛，数日后红斑消退，出现脱屑。作用光

谱主要为UVB。

② 皮肤黑化：也称晒黑。表现为光照部位边界清晰的灰黑色斑，无自觉症状。作用光谱为UVB、UVA和可见光。

③ 皮肤光老化：皮肤衰老加速，表现为光暴露部位皮肤粗糙、皱纹增多和色素加深、皮肤弹性降低、毛细血管扩张、红斑形成等，作用光谱主要为UVA。此外，可见光和红外线可达皮肤真皮网状层至皮下组织，使胶原降解，也可导致光老化。

④ 免疫功能异常：导致局部皮肤或者全身免疫功能异常，引起多形性日光疹和日光性荨麻疹等，加重痤疮等皮肤炎症。作用光谱主要为UVA。

⑤ 光致癌：导致光线性角化病、基底细胞癌、鳞状细胞癌、恶性黑素瘤等。作用光谱为UVB和UVA。

（2）眼睛反应

眼睛是人体唯一感光器官，许多眼部疾病的发病机制在很大程度上是由于日光照射导致的，包括角膜炎、视网膜炎、白内障、青光眼、眼底黄斑变性等。

为了防止上述反应，保护皮肤和眼睛，保持健康和年轻，光防护十分有必要。

2. 防护原则

① 避（Avoid）：避免日晒是最好的防护方式。完全避免日晒不现实，故建议避免在紫外线最强的时间段外出活动，一般为上午10时到下午4时之间。其次，在户外活动时，尽量在树荫、建筑阴面等阴凉处活动。避开反射日光的地方，例如玻璃幕墙、汽车窗玻璃等。

② 遮（Block）：遮盖皮肤和眼睛也是较好的防护方式。通过防晒衣、太阳镜、太阳伞、遮阳帽和防晒口罩等遮挡皮肤和眼睛，达到物理隔绝紫外线的目的。在太阳下，UPF（UV Protection Factor，纺织品紫外线防护指数）＞40、深色密织的长袖长裤，帽檐宽于10cm的遮阳帽，以及可遮挡眉毛和眼部侧面的“UV400”太阳镜，防晒效果更佳。与涂抹防晒霜等防护类化妆品相比，遮盖的防护效果更好、更安全，并且无需补涂。

③ 涂（Cover up）：涂抹防护类化妆品是一种常用的防护方式。在夏天，相比于避免日晒和遮挡皮肤、眼睛，涂抹防护类产品对室外裸露的皮肤补充防晒，更便于人们室外活动。

二、防护类化妆品常见剂型

防护类化妆品中的功能成分是防晒剂。各国都严格控制防晒剂的使用，比如美国把防晒剂作为OTC药物的标准来进行管理。虽然各大公司研发出很多种类的防晒剂，但被批准使用的防晒剂类别有限。现今，美国食品药品监督管理局（FDA）批准的防晒剂有17种，而欧盟批准了29种，我国批准了27种。

防护类化妆品常见剂型可分为膏霜乳、喷雾剂和气雾剂、粉类和块状、凝胶、油剂、蜡基等。

1.膏霜乳

市场上大多数防护类化妆品是防晒乳液和防晒膏霜，膏霜乳是人们最为常用的剂型，大约有88%的防晒类化妆品为此剂型。膏霜乳剂型具有亲水又亲油的特性，可以添加所有防晒剂，因此这类产品的SPF值（Sun Protection Factor，美系防晒类化妆品的防晒系数）范围广，也可根据需求制成防水性防晒品。此外，防晒乳霜易于涂抹，使用感不油腻，有肤感清爽的水包油型和防水、防汗效果更好的油包水型两种剂型可供选择。

2.喷雾剂和气雾剂

防晒喷雾是近几年出现的防护类化妆品，可分为不含推进剂的喷雾剂和含推进剂的气雾剂，市面上常见的防晒喷雾多为气雾剂型。为了避免无机防晒剂在瓶底沉淀和堵塞喷头，大多数防晒喷雾只添加有机防晒剂。由于推进剂的高挥发性，防晒喷雾具有清凉降温的效果，使用感受好，但不当使用可能导致冻伤。由于推进剂的易燃性和瓶体密闭性，防晒喷雾如果要带入地铁、高铁、飞机等公共交通系统，需要查询相关行李限制条例。防晒喷雾在使用时，形成的气溶胶对呼吸道会有损伤，不推荐对脸喷洒，防晒喷雾在皮肤上形成的膜不平整并且薄，防晒效果一般比标注效果差。

3.粉类和块状

粉类和块状的防护类化妆品一般常见于彩妆，如粉饼、散粉等。更容易添加高比例的无机防晒剂，具有较好的物理遮瑕作用，携带使用便捷，渗透性和致敏性低，容易清洁。使用粉类和块状化妆品时，为了美观常薄涂，擦拭时容易掉落，防水性差，所以需要及时补涂。

4. 凝胶

防晒凝胶多为水溶性防晒品，肤感清爽，夏天使用感受好，但产品的防水性差，不易添加油溶性防晒剂，故这类产品防晒效果不够明显。

5. 油剂

防晒油剂是古老的防晒类化妆品剂型，优点是制备方法简单、产品的抗水性好、易涂抹，缺点是肤感黏腻，所成的防晒膜较薄、不易长久保持，难以达到很好的防晒效果。

6. 蜡基

防晒棒是新研发的剂型，主要成分是油、蜡、防晒剂等，可添加较多的防晒剂，防晒效果好，产品携带方便，使用简便不脏手，防水性好封闭性强，但不适合大面积涂用。

三、皮肤的防护误区

误区一：人人都需要涂抹防晒产品。

避免日晒和遮挡人体的防晒效果优于涂抹防晒产品，并且没有安全隐患。在日常生活中，应该多注重避免日晒和遮挡人体这两种光防护方式。

误区二：只参考SPF值选择产品。

SPF值实际上只能评价防UVB的效果。大多数皮肤反应和眼睛反应还和UVA有关。所以，选择产品时也要考虑PA值，即“PA”后“+”的数量，同时还要考虑皮肤状态。

误区三：防晒产品防晒系数越高越好。

因为过高的SPF值和PA值是由于防晒产品添加了大量的防晒剂，会使皮肤负担过重。选择适宜防晒系数的产品即可。日常生活情况下，使用SPF15、PA+的防护类化妆品就可以了。

误区四：阴雨天和冬天不用防晒。

在冬天和阴雨天，虽然没有那种阳光晒得发烫的感觉，但太阳光依然存在，云层只可以阻挡红外线，却无法阻隔紫外线，特别是波长较长的UVA，所以如果在没有太阳的时候不涂防晒，紫外线就会在不知不觉中伤害皮肤。

误区五：在室内或车里就不用防晒了。

当车窗没有贴膜或者房屋的玻璃为普通透明玻璃时，紫外线的透过率很高，依然需要防晒。

误区六：皮肤不易晒黑就不用防晒。

皮肤不容易晒黑的人更应该做好防晒，肤色白皙的原因是表皮中所含的黑素量比较少，也就是说抵御紫外线的天然防护罩相对较弱，在相同紫外线照射的情况下，肤色白皙的人与肤色较深的人相比，皮肤受到的伤害会更大，出现色斑、皱纹、皮肤癌的可能性也会更高。

误区七：打伞就不用涂抹防晒产品。

撑伞防晒不能完全阻隔紫外线对皮肤的伤害。优质的太阳伞的确可以有效阻隔太阳光中的紫外线，但是不论如何有效，最多也只能阻隔直射的紫外线，对来自地面反射、玻璃橱窗折射的紫外线没有遮挡效果。建议在裸露的皮肤表面涂抹有效的防护类化妆品以抵御无孔不入的紫外线。

【相关知识——化妆品的使用常识】

1.注意有效使用期限

一般化妆品在开封后具有开罐有效期。化妆品富有营养物质和活性成分，接触空气后易氧化，故应该在开罐有效期内用完化妆品。部分化妆品外包装上都已标注“开罐有效期”的图标，是一个形似罐子打开的图案，罐身上标有6M、12M等字样，其中M代表月。6M的意思就是提醒该产品在开罐后最佳的有效使用期是6个月。

2.正确使用化妆品

（1）护肤前先洗手。

（2）避免多种功效的化妆品重叠使用。

（3）单次使用护肤品需适量。

（4）涂抹时，避免过度摩擦、拉扯皮肤。

（5）防止使用过程中二次污染化妆品，例如：将多余取用的化妆品重新放回容器；用手直接取用化妆品；在化妆品中掺入其他物质，如水；和其他人共用接触皮肤的化妆品，如润唇膏等。

3.化妆品的保存

将化妆品保存在常温、避光、通风干燥的地方。不宜将化妆品放置在向阳窗前和潮湿的卫生间。

【相关知识——防晒产品的功效评价】

防晒产品的包装瓶上有不同的介绍防晒系数的标识，如SPF、IP、PA+等，大多数消费者其实是不能理解这些标识所代表的含义，也不了解美系、欧系和日系防晒产品包装上的标注方法有什么区别。其实这些标识都代表着防晒产品的防晒功效评价结果，了解这些专业术语，才能更恰当地选择适合自己需求的防晒产品。

1. SPF（Sun Protection Factor）

SPF是美系防晒产品的防晒系数，现在已经是对防晒产品功效测试的主要指标，在国际上普遍使用。美国FDA对防晒产品的SPF值的测定有比较明确的规定。

SPF计算公式：SPF=使用防晒产品防护皮肤的MED暴露时间/未保护皮肤的MED暴露时间

MED即最小红斑量，为在UV照射后，在照射部位皮肤上产生轻微红斑所需要的最少照射量。通过SPF值可以算出有效防晒时间。比如SPF10是指10倍的防晒强度，假设一个人在未使用防护类化妆品的情况下，晒30min太阳，皮肤开始出现红斑，那么使用SPF10的防晒产品后，可以保证在晒太阳300min以后，皮肤才会晒伤，这里×10是指倍数，就是需要经历10个30min。

通常而言，SPF值的大小代表着防晒产品的防UVB能力的强弱。SPF值越小，其防UVB功效越差；SPF值越大，其防UVB功效越好。

SPF值受多种因素的影响，如作为防晒剂的活性成分浓度和类型、制剂中的其他成分等，均会影响SPF值的高低。研究表明通过增加防晒剂种类，能提高SPF值。我国相关法规规定防晒产品标注的最大SPF值为50，当产品的实测SPF值＞50时，可标识为SPF50+，但是不要盲目追求过高的SPF值和过强的防晒功效，因为过高的SPF值是由于防晒产品添加了大量的防晒剂，会造成皮肤过重的负担，并且SPF值实际上只能评价防UVB的效果，不包含UVA，并不完全代表其完整的防晒能力。

2. IP（Indicia Protection）

IP是欧系防晒产品的防晒系数指标，IP×1.5=SPF，实际上也只能评价UVB的防晒效果。

3. PA（Protection of UVA）

PA是日系防晒产品的防晒系数，在1996年，日本化妆品工业联合会公布的UVA防护效果测定法标准，是目前商业产品中最被广泛采用的标准，有PA+、PA++、PA+++、PA++++这几个等级。UVA虽然不是晒伤皮肤的原因，但其会引起皮肤老化及病变等更深层的影响，所以PA也更受消费者重视。PFA（Protection Factor of UVA）是评价防晒化妆品对皮肤晒黑的防护指数。

公式：PFA = 所用防晒产品防护皮肤的MPPD/未保护皮肤的MPPD

MPPD即最小持续色素黑化量，为UV照射2～4h后，在照射部位皮肤上产生轻微黑化所需要的最少照射量或最短照射时间。

PA与PFA之间的关系如下：2≤PFA≤3，标识为PA+（有效），是一般防护，有效防护时间2～4h；4≤PFA≤7，标识为PA++(相当有效)，是较强防护，有效防护时间4～8h；8≤PFA≤15，标识为PA+++（非常有效），是超强防护，有效防护8h以上；16≤PFA，标识为PA++++（非常有效），是超强防护，有效防护时间12h以上（长达16h左右）。

【想一想】 如何选择适合自己的防护类化妆品？

【敲重点】 1. 防护的目的和原则。

2. 防护类化妆品常见剂型。

3. 皮肤的防护误区。

【本章小结】

本章详细介绍了化妆品的定义、化妆品与药品的区别、基础化妆品的应用分类及常见剂型，讲解了皮肤的清洁、保湿、防护误区。皮肤管理师通过学习本章的相关知识，能在工作中为顾客提供专业的化妆品咨询。

【职业技能训练题目】

一、填空题

1.《化妆品监督管理条例》（2020版）中化妆品定义是指以（　　）、（　　）或者其他类似方法，施用于皮肤、毛发、指甲、口唇等人体表面，以清洁、（　　）、（　　）、修饰为目的的日用化学工业产品。

2.防护类化妆品常见剂型可分为（　　）、气雾剂和喷雾剂、粉类和块状、凝胶、（　　）、蜡基等。

3.化妆品与药品在性质方面比较，有其相同点和不同点。相同点是两者都必须具有安全性、使用性、有效性和稳定性。两者在（　　）和（　　）方面存在些许的差异。

二、单选题

1.以下不属于化妆品的是（　　）。

A.牙膏　　B.乳液　　C.散粉　　D.口红

2.以下描述正确的是（　　）。

A.化妆品可以替代药品

B.化妆品可以内服

C.生产化妆品需要符合《化妆品监督管理条例》（2020版）的要求

D.化妆品可以治疗某些疾病

3.氨基酸表面活性剂洁面慕斯的优点不包括（　　）。

A.使用后皮肤光滑，无紧绷感

B.无需搓揉，方便快捷

C.适合各种皮肤类型和各种季节使用

D.去角质能力强

4.下面（　　）防晒措施是错误的。

A.厚涂防晒产品　　B.揉开防晒

C.全面防晒　　D.打伞不用涂防晒

5.以下属于化妆品的使用方法的是（　　）。

A.内服　　B.涂抹　　C.注射　　D.放射

三、多选题

1. 化妆品是以（　　）为目的的日用化学工业产品。

A. 清洁　B. 保护　C. 美化　D. 修饰　E. 保健

2. 以下对化妆品和药品的描述正确的有（　　）。

A. 化妆品仅可外用

B. 药品仅可外用

C. 药品可内服、外敷、注射

D. 化妆品的使用目的是清洁、美化、修饰、保护

E. 药品的使用目的是预防、治疗、诊断人类的疾病

3. 防护的原则包括（　　）。

A. 避　B. 遮　C. 涂　D. 吃　E. 洗

4. 下列选项中属于皮肤清洁误区的是（　　）。

A. 洗完脸后自然风干

B. 使用毛巾、洁面海绵洗脸会更干净

C. 夏天皮肤出油，多用清水洗可以去油

D. 洗面奶需要经常更换

E. 洗面奶的泡沫越多越好

5. 下列选项中属于皮肤保湿误区的是（　　）。

A. 抗衰老、美白的需求更重要，保湿可以不用做

B. 皮肤干燥时，多用喷雾型化妆水就可以解决，不需要其他的保湿产品

C. 天天敷保湿面膜，皮肤就一定会水润

D. 明星保湿成分就一定是好用的

E. 多喝水皮肤就不会变得干燥

四、简答题

1. 简述化妆品的定义。

2. 简述皮肤的防护原则。

实践模块

第六章
皮肤的分型、辨识与分析

【知识目标】

1. 掌握皮肤的分型。
2. 掌握皮肤辨识与分析的重要性。
3. 掌握皮肤辨识与分析的要素。
4. 掌握皮肤辨识与分析的内容。
5. 掌握皮肤辨识与分析的方法及工作程序。

【技能目标】

1. 具备使用冷光放大镜辨识与分析顾客皮肤的能力。
2. 具备使用智能皮肤检测仪辨识与分析顾客皮肤的能力。
3. 具备正确填写皮肤分析表的能力。

【思政目标】

1. 增强辩证思维能力，提高驾驭复杂局面、处理复杂问题的本领。
2. 能够在皮肤管理实践过程中践行社会主义核心价值观。

【思维导图】

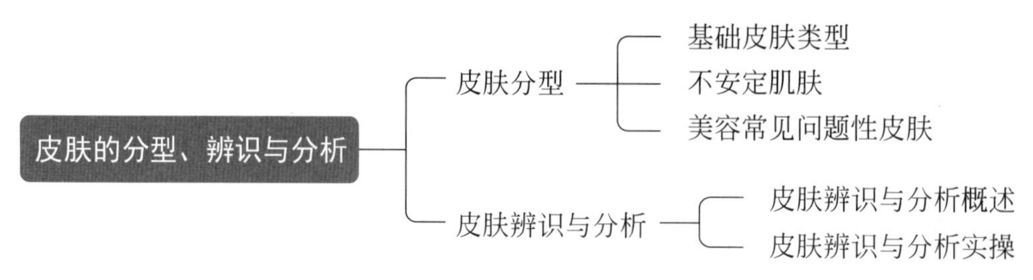

人们的皮肤状态具有差异性，所产生的皮肤问题各不相同，相同的皮肤问题也可能由不同的原因所造成。为了能够科学调理皮肤，皮肤管理师在为顾客量身制定皮肤管理方案前要正确辨识与分析顾客的皮肤。本章的内容力求让学习者掌握皮肤辨识与分析工作需要的知识和技能。

第一节　皮肤分型

传统皮肤分型已不能满足飞速发展的皮肤美容工作需求，皮肤管理师熟悉皮肤的分型，对于正确辨识与分析皮肤，正确护理、保养皮肤尤为重要。本节将从基础皮肤类型、不安定肌肤与美容常见问题性皮肤三个方面进行介绍。

一、基础皮肤类型

基础皮肤类型在皮肤科领域来说不是指皮肤的正常或异常的水平，即使在健康（正常）的范围内也存在着各种各样的皮肤状态。能正确地把握这一点，在维持良好的健康皮肤和选择正确的护肤方法上是很重要的。这里介绍的皮肤基础类型是适用于健康人的，通过在皮肤表面进行的无损伤测定方法，将皮肤状态进行分型。

以前皮肤类型的划分方法主要依据皮脂腺的分泌量，近些年应用对各种皮肤生理机能进行研究的科学而客观的评价方法，已经明确地了解到角质层含水量、皮脂分泌量分别是独立的要素。前者是靠正常皮肤代谢过程而形成的健康的角质层状态，而后者是由皮脂腺的活性所决定的状态。从而分别按皮脂分泌量和角质层含水量进行组合排列分为四种基础皮肤类型，分别是中性皮肤、干性皮肤、油性皮肤和油性缺水性皮肤。如图6-1所示。

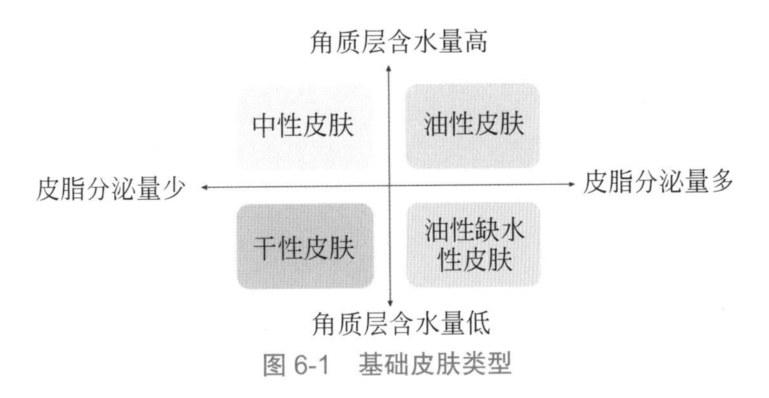

图6-1　基础皮肤类型

1. 中性皮肤

中性皮肤是最理想的皮肤类型，在青春期前居多。此类皮肤的皮脂分泌量适中，角质层含水量正常，皮肤表面光滑细嫩，不干燥、不油腻，有弹性，毛孔细小，对外界刺激适应性较强，但此类皮肤如果保养不当，易出现中偏油或中偏干的状态。

2. 干性皮肤

干性皮肤的角质层含水量低，皮脂分泌量少，皮肤易干燥、无光泽、毛孔细小不明显，对外界刺激（如气候、温度变化）比较敏感，如保养不当易出现脱屑、皱纹及色素沉着等。

3. 油性皮肤

油性皮肤的角质层含水量正常，皮脂分泌旺盛，皮肤表面油腻，有光泽，毛孔粗大，对外界刺激不敏感、不易过敏。但如果保养不当易转变为油性缺水性皮肤，易发生痤疮、毛囊炎等。

4. 油性缺水性皮肤

油性缺水性皮肤的角质层含水量低，皮脂分泌量较多，皮肤表面油光光，但仔细看皮肤有细小干纹，局部毛孔粗大，有时自觉有紧绷感，易受外界刺激而敏感。油性缺水性皮肤如果保养不当极易转变成不安定肌肤，易产生毛孔堵塞，出现粉刺、痤疮等问题。

皮肤的状态不是一成不变的，它随季节、年龄、环境的不同而发生变化。例如：青年期偏油，老年时偏干；夏季偏油，冬季偏干。因新陈代谢改变、光照环境不同、精神压力大小或患某些疾病等因素影响变化也较大。因此，皮肤管理师在护理时一定要准确判断，护理方案要做到因人而异、因地而异、因时而异。

二、不安定肌肤

健康美丽的肌肤表现为光滑、细腻、有弹性，能够承受一定的外界刺激，状态稳定，不会有太大波动，也就是肌肤抗干扰能力强。如果肌肤状态时好时坏，那么这种皮肤就属于不安定肌肤。不安定肌肤是介于正常皮肤与问题性皮肤中间状态的皮肤，问题性皮肤是由不安定肌肤转化而来的。如图6-2所示。

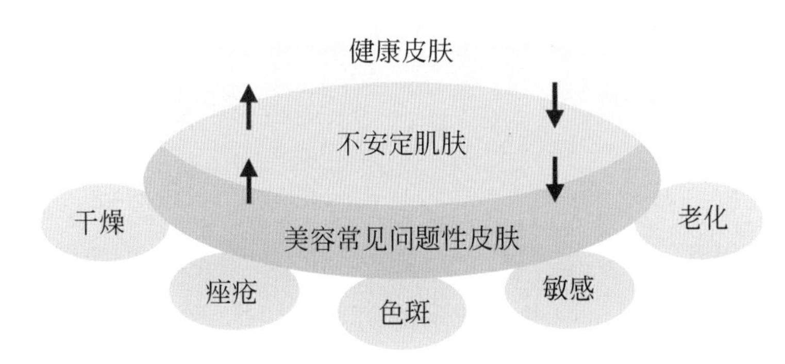

图 6-2　不安定肌肤

1. 不安定肌肤的表现

① 由于生理周期、压力、睡眠不足、日晒、气候环境变化等原因，肌肤状态时好时坏。

② 在鼻子两侧和面颊上经常有散在的红斑。

③ 努力保养，但是没有达到理想的效果。

④ 护肤品没有更换，但皮肤的状态依然时好时坏。

⑤ 精心选择的护肤品，使用时皮肤依然出现了不适。

与上述表现有一条吻合，那么这样的肌肤就属于不安定肌肤。

2. 不安定肌肤产生的原因

（1）外在原因

① 错误地选择护肤品。如护肤品中含有或过量添加杀菌剂、酒精、色素、香料、石油系表面活性剂、劣质矿物油；违规含有重金属、激素、抗生素；长期使用功效型产品等，都会对皮肤产生不良刺激，导致皮肤屏障功能受损，使皮肤逐渐变成了不安定的肌肤状态。

② 不正确地保养肌肤。如过度去角质、机械刺激、大力摩擦、损伤性美容等。

③ 不良生活习惯。如长时间蒸桑拿、过度饮酒、吸烟、常食刺激性食物、熬夜、睡眠不足等。

④ 环境影响。如紫外线、干燥、炎热、寒冷、大风等恶劣的环境和气候。

（2）内在因素

由于精神压力、生理期、体调不良、疾病等原因，使肌肤状态受到影响。

3.不安定肌肤的转化

由于皮肤受到不良刺激，破坏了角质层屏障功能，大量产生未成熟的角质细胞，由于未成熟角质细胞形成的角质层防御能力脆弱，导致皮肤状态不稳定，其根本原因在于脂质、天然保湿因子的缺少，使肌肤角质层含水量降低，角质细胞功能紊乱，多层致密的角质细胞结构受到了破坏，造成角质层空洞，所以变成了不安定肌肤。更多的美容常见问题性皮肤都是从不安定肌肤转化的，例如干燥皮肤、痤疮皮肤、色斑皮肤、敏感皮肤、老化皮肤等。

三、美容常见问题性皮肤

美容常见问题性皮肤，例如干燥、痤疮、色斑、敏感以及老化的皮肤，它们都可以由皮肤管理师通过皮肤辨识与分析，找到问题形成的原因，从而制定并实施适合的护肤方案，结合正确的护肤方法和行为干预等持续性的皮肤管理来改善皮肤状态。

1.干燥皮肤

干燥皮肤表现为肤色暗沉、皮肤表面无光泽，粗糙、肤感略硬、缺乏弹性，易红、热、痒，有紧绷感甚至局部有脱屑现象，皮肤易敏感。

2.痤疮皮肤

痤疮又称青春痘，是一种毛囊皮脂腺慢性炎症，好发于颜面、胸背等皮脂腺分泌较多部位，可见其面部有许多黑、白头粉刺及炎性丘疹等。痤疮一般多发于青春期男女，女性略少于男性，但年龄早于男性。有流行病学研究表明，80%～90%的青少年患过痤疮。

3.色斑皮肤

正常皮肤的颜色主要由两个因素决定，其一为皮肤内色素的含量，即皮肤黑素、胡萝卜素以及皮肤血液中氧化及还原血红蛋白的含量；其二为皮肤解剖学差异，主要是皮肤的厚薄，特别是角质层和颗粒层的厚薄。黑素是决定皮肤颜色的主要色素，色斑是皮肤出现较正常肤色加深的斑点或斑片。美容常见色斑的种类有雀斑、黄褐斑、炎症后色素沉着等。

4.敏感皮肤

皮肤敏感与皮肤过敏有共性也有区别。敏感皮肤是一种肌肤状态，是指皮肤脆弱，感受力强、抵抗力弱，容易受外界各种刺激的影响而产生过敏症状。过敏是一种症状或现象，指皮肤在受到过敏原的刺激后，出现了红斑、丘疹、毛细血管扩张甚至渗出等视觉症状，以及瘙痒、刺痛、灼热、紧绷感等自觉症状。

5.老化皮肤

皮肤老化分为内源性老化和外源性老化。内源性老化又称为自然老化，外源性老化主要由太阳中的紫外线引起，又称光老化。皮肤老化主要体现在皮肤组织衰退和生理功能低下两个方面。皮肤组织衰退主要表现在老年人肤色多为棕黑色、皮肤表面变硬、失去光泽，皮下脂肪减少，皮肤逐渐失去弹性和张力导致皮肤松弛与皱纹的产生；生理功能低下主要表现在皮脂腺、汗腺功能衰退，汗液与皮脂排出减少，皮肤逐渐失去光泽而变得干燥。

（1）自然老化

自然老化，即单纯由于年龄增长所致皮肤老化，是客观自然规律不可抗拒的过程。

（2）光老化

日光中的UVA和UVB是引起光老化最重要的因素。长时间的紫外线照射，可导致真皮胶原合成受到明显抑制，产生大量活性氧自由基，影响胶原的生成。紫外线还可以使真皮胶原和弹力纤维发生交联，从而使皮肤松弛老化。

当人们的新陈代谢变缓，微小循环变慢，细胞间脂质、天然保湿因子、胶原蛋白含量减少，皮脂腺、汗腺功能衰退，自由基直接与蛋白质、脂质等反应，造成细胞结构、功能的破坏发生时，皮肤就产生了老化现象。

虽然皮肤的结构都是一样的，但每个人皮肤呈现的状态却是千差万别的，有的人皮肤看起来细腻光滑，有的人皮肤却总是爱长痤疮，皮肤管理师在为顾客做皮肤护理之前，必须认真分析顾客的皮肤类型，制定出有针对性的、合理的皮肤管理方案。

【想一想】 您的基础皮肤分型为哪一类，通过哪些因素判断的

【敲重点】 1. 皮肤的四种基础类型及特点。
2. 不安定肌肤的表现、成因及转化。
3. 美容常见问题性皮肤的种类。

第二节 皮肤辨识与分析

皮肤的状态会由于年龄的增长、护肤品选择及护肤方法不当等因素而发生变化，甚至产生皮肤问题。通过对皮肤进行准确的辨识与分析，判断出影响皮肤状态的成因及潜在的问题，有针对性地制定出皮肤居家护理、院护及行为干预等综合性的皮肤管理方案，并遵循方案实施皮肤护理，从而使皮肤恢复健康、美丽的状态。

一、皮肤辨识与分析概述

皮肤辨识与分析，是指皮肤管理师通过视像法，即通过视觉、触觉、自觉三方面对顾客皮肤的色素、纹理、角质层厚度、皮脂分泌、光泽度、毛孔状态，温度、湿润度、皮肤弹性及皮肤有无自觉症状等因素进行综合检测、分析，从而判断出顾客皮肤的类型、状态及成因。

（一）皮肤辨识与分析的重要性

第一，准确的皮肤辨识与分析是制定正确居家护理方案和院护方案的重要依据。

第二，皮肤辨识与分析能够帮助顾客了解自己的皮肤状态，确定皮肤改善的目标。

第三，皮肤辨识与分析能够帮助顾客制定有效的护肤方案，选择适合的产品并教会顾客正确使用产品。

第四，皮肤辨识与分析能够帮助顾客分析皮肤问题形成的原因，改变护肤中的错误习惯。

第五，皮肤辨识与分析能够帮助皮肤管理师制定个性化皮肤管理规划方案，使顾客皮肤达到健康美、年轻态，增强顾客对皮肤管理机构和皮肤管理师的信赖。

（二）皮肤辨识与分析的要素

皮肤管理师可通过视觉判断、触觉判断、自觉判断三个要素对顾客皮肤进行准确的辨识与分析，帮助顾客明晰自己皮肤类型、当前的皮肤状态、影响皮肤状态的成因以及解决方案。

1.视觉判断

皮肤管理师可以通过视觉观察顾客皮肤的色素情况、角质层的健康状况、皮脂分泌状况、光泽度、通透度、毛孔、皱纹、毛细血管等情况。

① 色素情况：肤色均匀度，是否晦暗，是否有色斑等。

② 角质层的健康状况：角质层的厚度和致密度。角质层薄，皮肤易泛红或可见毛细血管扩张；角质层过厚，皮肤粗糙、暗淡无光。角质层健康、致密度好，皮肤光滑、细腻、平整；角质层致密度差，皮肤粗糙不平整、有散在的红斑。

③ 皮脂分泌状况：皮脂分泌量，是否有油脂堵塞等。

④ 光泽度："光"是指亮度、气色好，"泽"是指皮肤水润健康的状态，皮肤含水量高时皮肤呈现的光泽度好，反之皮肤就会晦暗无光。

⑤ 通透度：通透度是指皮肤光泽无瑕，呈现出透明细腻的质感，健康的皮肤可通过视觉直接观察到皮肤的通透度。

⑥ 毛孔：毛孔大小是否与皮肤的基础类型吻合；毛孔内是否有油脂堵塞，如黑、白头粉刺等；是否有毛孔凹陷。

⑦ 皱纹：是否有干纹或皱纹。常见的皱纹有额部的抬头纹、眼周的鱼尾纹、面颊的法令纹等。

⑧ 毛细血管：是否有毛细血管扩张现象。

2.触觉判断

通过美容指轻触面颊感受皮肤的湿润度、光滑度、柔软度、弹性、肤温，从而判断皮肤的含水量。

① 角质层含水量高：皮肤摸上去湿润、细滑、柔软、有弹性，肤温微凉。

② 角质层含水量低：皮肤摸上去干燥、粗糙不平滑、柔软度差、弹性差，肤温偏高。

3. 自觉判断

通过问询了解顾客的自觉感受。

① 有自觉症状：皮肤紧绷、热、胀、痒、刺痛、有厚重感等。

② 无自觉症状：皮肤舒适且无任何感觉。

（三）皮肤辨识与分析的内容

皮肤辨识与分析是顾客护理皮肤的重要环节，由于季节、环境、饮食或身体状况等因素的变化，皮肤的状态也会发生变化，当顾客皮肤需要改善或提升时，需根据皮肤辨识与分析的结果制定皮肤管理方案，并记录皮肤护理前后的效果。

皮肤根据角质层含水量和皮脂分泌量可分为四种基础皮肤类型。根据皮肤状态可分为正常皮肤、不安定肌肤、美容常见问题性皮肤。

（1）基础皮肤类型

基础皮肤类型分为中性皮肤、干性皮肤、油性皮肤、油性缺水性皮肤。皮肤基础类型的典型表现是顾客皮肤问题改善之后的参考状态。

① 中性皮肤

a. 视觉判断：面色红润，皮脂分泌量适中，毛孔细小，皮肤细腻。

b. 触觉判断：皮肤湿润、柔软、光滑，富有弹性，肤温微凉。

c. 自觉判断：皮肤舒适，无任何自觉感受。

② 干性皮肤

a. 视觉判断：肤色较白皙，皮脂分泌量少，毛孔细小不明显，表面无光泽，有细小皱纹。

b. 触觉判断：皮肤无湿润感，弹性略差，肤温微凉。

c. 自觉判断：皮肤舒适，无任何自觉感受。

③ 油性皮肤

a.视觉判断：肤色较暗，皮脂分泌量多，毛孔粗大，皮肤呈现油光感。

b.触觉判断：皮肤油腻、柔软、有弹性，肤温微凉。

c.自觉判断：皮肤舒适，无任何自觉感受。

④ 油性缺水性皮肤

a.视觉判断：肤色较暗不均匀，皮脂分泌量多，局部毛孔粗大，有细小干纹或皮屑，皮肤呈现油光感。

b.触觉判断：皮肤粗糙不平整，皮肤油腻，柔软度略差，弹性略差，肤温略高。

c.自觉判断：偶有紧绷感。

（2）不安定肌肤

① 视觉判断：肤色较暗不均匀，局部毛孔粗大，在鼻子两侧和面颊上偶有散在的红斑，个别伴有堵塞、脱屑的现象等。

② 触觉判断：皮肤粗糙不平整，柔软度略差，弹性略差，肤温略高。

③ 自觉判断：偶有热、痒、紧绷，甚至局部有刺痛的感觉。

（3）美容常见问题性皮肤

美容常见问题性皮肤：干燥皮肤、痤疮皮肤、色斑皮肤、敏感皮肤、老化皮肤。

（四）皮肤分析表

《皮肤分析表》与《皮肤管理方案表》、《护理记录表》共同组成皮肤管理档案。详见本章“课程资源包”皮肤管理档案。

皮肤管理档案完整地体现了顾客基本信息与皮肤管理的全过程，能够帮助皮肤管理师了解顾客的皮肤状态并根据其健康状态、生活习惯等，了解影响其皮肤状态的成因及美肤需求，帮助顾客制定合理的皮肤管理方案；皮肤管理档案也能够使顾客充分了解自己的皮肤状态及成因，清楚自己的皮肤护理内容、护理的实施过程以及护理效果，帮助其形成正确护肤习惯，通过皮肤管理阶段性目标的达成，建立科学的美容观。本部分主要介绍《皮肤分析表》的内容。

皮肤分析表由顾客基本信息、皮肤辨识信息、美容史和皮肤管理前居家护肤方案四部分组成。

（1）基本信息

顾客基本信息属于皮肤分析表中的一部分，应较全面地反映顾客个人情况。顾客基本信息内容包括：姓名、年龄、职业、家庭住址、联系电话、个人工作环境以及生活习惯等，见表6-1。

顾客基本信息的填写是皮肤护理接待服务工作中非常重要的一个环节，是开展护理工作的第一步且为日后的皮肤管理提供重要依据。顾客基本信息的采集，有助于皮肤管理师做出科学的皮肤辨识与分析，进而帮助顾客制定出合理的皮肤管理方案。例如：通过了解顾客的职业，如医生、护士由于工作原因长时间戴口罩，容易导致皮肤局部摩擦而影响角质层厚度，又因局部湿热容易造成皮肤干燥，皮肤管理师可以指导顾客采取正确防护方式预防皮肤干燥问题的发生；通过了解顾客的工作环境，如燥热环境下或户外工作者，皮肤易敏感或产生色斑，皮肤管理师在指导顾客皮肤保养时需要注重补水保湿和防晒。因此，顾客基本信息的完整填写十分重要。

（2）皮肤辨识信息

顾客皮肤辨识信息是皮肤分析表的重要内容之一，是为顾客制定皮肤管理方案的重要依据，顾客皮肤辨识信息的描述要简要清晰，重点突出，判断准确，填写内容包括顾客皮肤的视觉、触觉及自觉等三个方面的表现，见表6-1。

通过沟通和记录，皮肤管理师可让顾客清晰地了解自身的皮肤状态、成因以及皮肤未来容易出现的状况，对自己的皮肤做出客观的认知。在双方沟通达成共识的前提下，皮肤管理师为其制定出科学合理的皮肤管理方案并共同配合实施，才能帮助顾客有效改善皮肤状态及解决皮肤问题。

（3）美容史

顾客的美容史，是指顾客以往皮肤居家护理和院护的经历，需了解其所使用的护肤品品牌、剂型及作用等；做过哪些院护项目，护理效果如何；是否有过敏史；是否使用过功效型产品等，见表6-2。

顾客美容史的记录是制定顾客皮肤管理方案的基本依据，根据既往美容史了解顾客的美肤需求、护理方法及护理效果，分析未达成皮肤改善的原因，从而制定出科学有效的护理方案。例如：顾客来美容院做补水护理，皮肤管理师在询问顾客美容史的过程中，了解到顾客在家正在使用含抑敏成分的产品，因此顾客面部的敏感症状从视觉上观察不到，甚至看上去皮肤比较光滑，这种表象往往会误导皮肤管理师对顾客皮肤状态的客观判断，如果只根据表

表 6-1 皮肤分析表（一）

编号： 皮肤管理师：

基本信息	姓名		联系电话	
	出生日期		职业	
	地址			
	客户来源	□ 转介绍 □ 自媒体 □ 大众媒体 □ 其他 ______		
	工作环境	□ 室内 □ 计算机 □ 室外 □ 粉尘 □ 燥热 □ 湿冷 □ 其他 ______		
	生活习惯（自述）	1. 洗澡周期与时间： 2. 顾客自述：		
皮肤辨识信息	皮肤基础类型	□ 中性皮肤 □ 干性皮肤 □ 油性皮肤 □ 油性缺水性皮肤		
	角质层厚度	□ 正常 □ 较薄 □ 较厚	光泽度	□ 好 □ 一般 □ 差
	皮脂分泌量	□ 适中 □ 少 □ 多	毛孔	□ 细小 □ 局部粗大 □ 粗大
	毛孔堵塞	□ 无 □ 少 □ 多	毛细血管扩张	□ 无 □ 轻 □ 重
	肤色	□ 均匀 □ 不均匀	柔软度	□ 好 □ 一般 □ 差
	湿润度	□ 高 □ 一般 □ 低	光滑度	□ 好 □ 一般 □ 差
	弹性	□ 好 □ 一般 □ 差	肤温	□ 微凉 □ 较高
	自觉感受	□ 无（舒适） □ 厚重 □ 热 □ 痒 □ 紧绷 □ 胀 □ 刺痛		
	肌肤状态	□ 健康 □ 不安定 □ 干燥 □ 痤疮 □ 色斑 □ 敏感 □ 老化 □ 其他 ______		
	痤疮	□ 无 □ 黑、白头粉刺 □ 炎性丘疹 □ 脓疱 □ 结节 □ 囊肿 □ 瘢痕		
	色斑	□ 无 □ 黄褐斑 □ 雀斑 □ SK(老年斑) □ PIH(炎症性色素沉着) □ 其他 ______		
	敏感	□ 无 □ 热 □ 痒 □ 紧绷 □ 胀 □ 刺痛 □ 红斑 □ 丘疹 □ 鳞屑 □ 其他 ______		
	老化	□ 无 □ 干纹 □ 细纹 □ 表情纹 □ 松弛、下垂 □ 其他 ______		
	眼部肌肤	□ 无 □ 干纹 □ 细纹 □ 鱼尾纹 □ 黑眼圈 □ 眼袋 □ 松弛、下垂 □ 其他 ______		

表 6-2　皮肤分析表（二）

编号：　　　　　　顾客姓名：　　　　　　皮肤管理师：

<table>
<tr><td>美
容
史</td><td colspan="3">1. 过敏史：□ 有 ____________________　□ 无
2. 院护周期　□ 定期 _______　□ 不定期 _______　□ 无
3. 顾客自述：</td></tr>
<tr><td colspan="4">皮肤管理前居家护理方案</td></tr>
<tr><td colspan="4">原居家产品使用：（顺序、品牌、剂型、作用、用法、用量、用具）</td></tr>
<tr><td>晚</td><td></td><td>早</td><td></td></tr>
<tr><td colspan="4">皮肤管理前洗澡后的皮肤状态：</td></tr>
<tr><td colspan="4">皮肤管理前季节、环境、生活习惯变化后皮肤状态：</td></tr>
<tr><td colspan="4">原居家护理后的皮肤状态：</td></tr>
<tr><td colspan="4">原院护后的皮肤状态：</td></tr>
<tr><td colspan="4">顾客签字：
皮肤管理师签字：
日期：</td></tr>
</table>

象制定皮肤补水护理方案，护理后极易产生敏感现象。同时，通过详细沟通，也能够让顾客意识到只有恢复皮肤健康功能才能彻底解决皮肤干燥和敏感的问题。因此，顾客美容史的记录，是帮助皮肤管理师为顾客制定正确皮肤管理方案的重要环节之一。

（4）皮肤管理前居家护肤方案

居家护理，通常是指家庭日常护肤使用的产品及护理方法。一般产品结构分为清洁类产品，护肤类产品，防护、防晒类产品，彩妆类产品等。通常情况下，顾客是根据自己的皮肤需求、个人喜好并结合化妆品资讯购买与使用。顾客皮肤管理前居家护肤方案，应清晰记录顾客日常使用的居家产品品牌、剂型及使用方法、判断其产品是否与顾客肤质相吻合，了解其日常护理方法是否正确，并作为制定居家护理方案的重要依据，见表6-2。

（五）皮肤辨识与分析的注意事项

在进行皮肤辨识与分析时应注意以下几点：

① 无论顾客的皮肤是受到环境、季节、气候的影响，还是受健康状况因素的影响，进行皮肤辨识与分析都要以当时皮肤状态为基准，每次院护前都要对顾客进行皮肤辨识与分析，以保证护理后的效果。

② 辨识与分析的目的是准确地帮助顾客判断当下皮肤的状态及成因，从而制定有效的皮肤改善方案，这是护理效果的有力保障。

③ 超出美容范围的皮肤病不要擅自诊断，以免误诊。

皮肤的辨识与分析对于刚入门的皮肤管理师来说，存在一定难度，但只要在实践中不断地学习和总结，经验就会越来越丰富。

二、皮肤辨识与分析实操

皮肤管理师通过视像法完成皮肤辨识与分析工作时，一般会使用冷光放大镜和智能皮肤检测仪作为工具。

（一）使用冷光放大镜完成视像观察

1.冷光放大镜

冷光放大镜是一种常见的皮肤检测类仪器（图6-3）。冷光放大镜是利用凸透镜放大视物的原理来达到检测皮肤的目的，它可以帮助皮肤管理师更加清晰地观察皮肤、查找皮肤的微小瑕疵，便于鉴别各种类型皮肤的状态，也便于某些皮肤护理项目的操作，例如清除面部的黑、白头粉刺等。

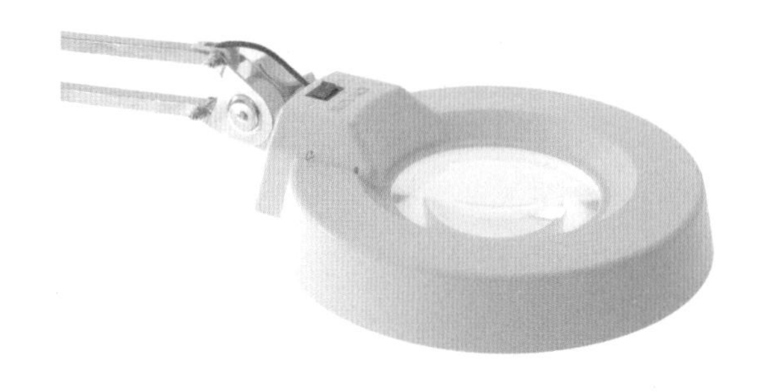

图 6-3　冷光放大镜

2. 工作流程

① 视像观察前，操作人员应清洁双手，顾客应卸除妆容。

② 取两块适当大小的棉片遮挡顾客眼部（观察眼部皮肤时除外），根据面部不同区域，将放大镜靠近皮肤，逐步观察皮肤的纹理、毛孔等情况。

③ 视像观察过程中结合自觉判断和触觉判断综合分析，并在《皮肤分析表》中准确填写分析结果。

3. 注意事项

① 使用冷光放大镜之前应用酒精进行消毒。

② 使用冷光放大镜之前必须用棉片遮挡顾客眼部，以免放大镜折射出的光刺激眼睛。

③ 检测时，按顺序移动进行，以免遗漏，影响检测结果。

④ 轻拿轻放，以免造成仪器破损。

⑤ 每次用完后应用酒精或清洁剂擦净镜面及四周，不能在冷光放大镜上留下任何指痕或污垢。

（二）使用智能皮肤检测仪完成视像观察

1. 智能皮肤检测仪

智能皮肤检测仪主要是利用五色光谱原理，通过面部成像和AI智能分析，能够清晰观察到皮肤状态，提供并储存清晰的全脸照片和局部照片；能够通过照片采集，量化调理皮肤，检测分析皮肤黑素、血红素、含水量、皱纹、皮脂分泌量等准确的数据情况，并保存记录；具备皮肤改善效果管理模式，能够对顾客信息和检测记录进行储存和对比；能够输出储存照片和检测分析的数据到PC端（电脑）和移动端（手机）的智能化多功能检测类仪器。见图6-4。

图 6-4　智能皮肤检测仪

2. 工作流程

① 视像观察前，操作人员应清洁双手，顾客应卸除妆容。

② 检测前录入顾客的个人信息。

③ 请顾客将下颌和额头放在智能检测仪的托架上，按成像要求确认面部位置后闭目配合完成拍照。

④ 根据程序内生成的图片结合自觉判断和触觉判断来综合分析，并在《皮肤分析表》中准确填写分析结果。

3. 注意事项

① 检测前顾客需卸除妆容，检测时不可佩戴耳环及项链等饰品。

② 顾客头发不可遮住额头，如使用发夹，发夹颜色需为黑色。

③ 检测时顾客需闭目，并保持放松状态。

④ 顾客头部进入智能检测仪内后，遮布需紧密闭合不可透光，以免影响拍摄效果。

⑤ 操作结束后需用酒精将仪器内接触皮肤的部位进行系统消毒。

【想一想】 皮肤辨识与分析对顾客有什么意义？

【敲重点】
1. 皮肤辨识与分析的重要性。
2. 皮肤辨识与分析的要素。
3. 皮肤辨识与分析的内容。
4. 使用冷光放大镜的工作流程和注意事项。
5. 使用智能皮肤检测仪的工作流程和注意事项。

【课程资源包】 
皮肤管理档案

【课程资源包】 
信息报备

【本章小结】

本章从皮肤类型的分析出发，介绍了皮肤辨识与分析的重要性、皮肤辨识与分析的要素及内容，阐明了使用冷光放大镜和智能皮肤检测仪完成视像观察的工作流程和注意事项。这些内容对皮肤管理师的实际工作具有重要的指导意义。

【职业技能训练题目】

一、填空题

1.（　　）是介于正常皮肤与问题性皮肤中间状态的皮肤。

2.基础皮肤类型分为（　　）、（　　）、（　　）、（　　）。

3.皮肤管理师可通过（　　）、（　　）、（　　）三个要素对顾客皮肤进行准确的辨识与分析。

二、单选题

1.下列哪种皮肤视像观察时呈皮肤状态既不干也不油，面色红润，皮肤光滑细嫩，富有弹性的特点（　　）。

A.中性皮肤

B.干性皮肤

C.油性皮肤

D.油性缺水性皮肤

2.将皮肤的基本类型划分为中性皮肤、油性皮肤、干性皮肤、油性缺水性皮肤的参考维度是（　　）。

A.角质层含水量和皮脂分泌量

B.皮肤的滋润程度

C.皮肤的通透程度

D.皮肤的锁水能力、光泽度

3.下列哪种皮肤的特点为肤色暗沉、皮肤表面无光泽，粗糙、肤感略硬、缺乏弹性，易红、热、痒、有紧绷感甚至局部有脱屑现象，皮肤易敏感（　　）。

A.老化皮肤

B.色斑皮肤

C.痤疮皮肤

D.干燥皮肤

4.下列哪一项不属于美容常见问题性皮肤（　　）。

A.干燥皮肤

B.痤疮皮肤

C. 色斑皮肤

D. 烧伤皮肤

5. 通过触觉可以判断（　　）。

A. 皮肤的湿润度、光滑度、弹性、白皙度

B. 皮肤的湿润度、光滑度、弹性、肤温

C. 皮肤的通透度、光滑度、弹性、肤温

D. 皮肤的通透度、白皙度、弹性、肤温

三、多选题

1. 进行皮肤辨识与分析时，要结合（　　）来分析皮肤状况。

A. 皮肤的色素、纹理、角质层厚度

B. 皮脂分泌、光泽度

C. 毛孔状态、肤温

D. 湿润度、皮肤弹性

E. 皮肤有无自觉症状

2. 以下哪些描述是油性皮肤具有的特点（　　）。

A. 肤色较暗，毛孔粗大

B. 皮脂分泌量较多，角质层含水量高，皮肤光亮

C. 皮肤相对较白皙，皮肤较干，保养不当容易产生细小皱纹

D. 不容易起皱纹，对外界刺激不敏感

E. 保养不当容易转化成油性缺水性皮肤

3. 导致不安定肌肤产生的原因有（　　）。

A. 错误选择护肤品

B. 不正确地保养肌肤

C. 不良生活习惯

D. 环境影响

E. 精神压力、生理周期、体调不良、疾病等

4. 不安定肌肤的表现有（　　）。

A. 皮肤状态时好时坏

B. 在鼻子两侧和面颊上经常有散在的红斑

C. 努力保养，保是没有达到理想的效果

D. 对外界刺激适应性强

E. 皮肤表面油腻，有光泽，对外界刺激不敏感

5. 老化皮肤的表现有（　　）。

A. 皮肤无光泽　　B. 红斑、脱屑

C. 松弛、下垂　　D. 出现皱纹

E. 出现粉刺

四、简答题

1. 简述干燥皮肤的表现。

2. 简述敏感性皮肤的特征。

第七章 美容常见问题性皮肤——干燥皮肤

【知识目标】

1. 熟悉干燥皮肤居家管理和院护管理的注意事项。
2. 掌握干燥皮肤的成因及表现。
3. 掌握干燥皮肤居家产品及院护产品的选择原则。
4. 掌握干燥皮肤行为干预及院护基本操作流程。
5. 掌握制定干燥皮肤管理方案的内容。

【技能目标】

1. 具备准确辨识干燥皮肤，及对顾客的行为因素进行分析的能力。
2. 具备正确指导干燥皮肤顾客进行居家管理的能力。
3. 具备熟练完成干燥皮肤院护管理的能力。
4. 具备制定干燥皮肤管理方案的能力。

【思政目标】

1. 树立求真务实，实事求是的职业作风。
2. 培养待人真诚，与人为善，互帮互助的良好品德。

【思维导图】

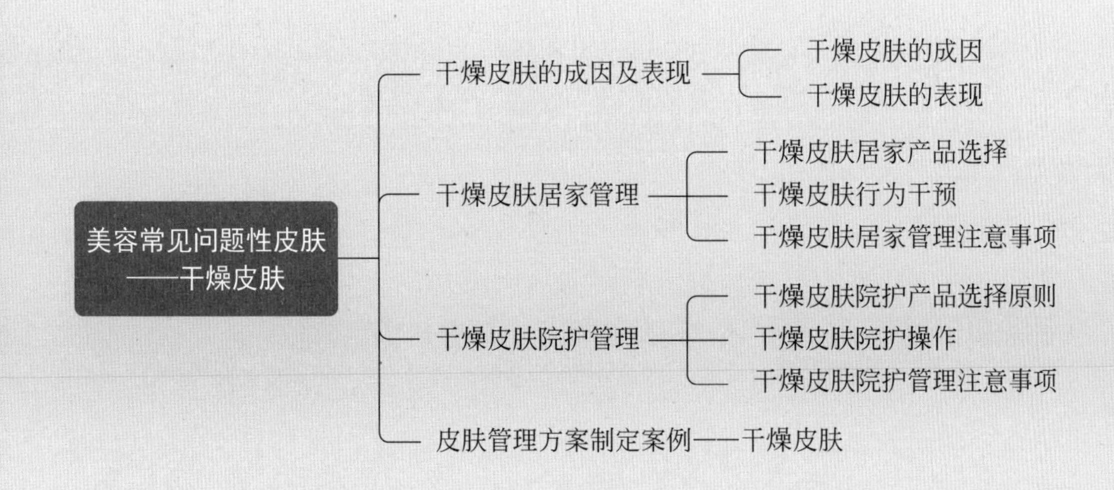

干燥皮肤不同于干性皮肤。干性皮肤是基础皮肤类型的一种，主要指的是皮脂分泌量较少，而干燥皮肤更多指的是皮肤屏障功能紊乱，脂质流失、蛋白减少，角质层含水量降低，其主要是由皮肤屏障功能下降造成的。例如：当油性皮肤护理不当导致皮肤屏障受损时，皮肤也会出现干燥问题。

第一节　干燥皮肤的成因及表现

一、干燥皮肤的成因

角质层与皮肤锁水关系最为密切，角质层含水量是保持皮肤湿润柔软的重要因素。正常情况下角质层含水量在10%～20%之间，低于10%，皮肤就会出现干燥、粗糙、甚至脱屑等现象，严重影响皮肤屏障的完整性，降低皮肤的锁水能力。因此，保持皮肤良好的屏障功能，能有效防止皮肤干燥问题的发生。

研究表明，多层致密的角质层结构、细胞间脂质、天然保湿因子和皮脂膜是决定角质层含水量的四个重要因素。

1. 多层致密的角质层结构

角质层完整的结构对维持皮肤屏障功能起到重要作用。它们功能正常才能确保皮肤的完整性、正常的水合作用及维持皮肤的正常屏障功能。

2. 细胞间脂质

细胞间脂质，属于结构性脂类，参与表皮代谢，起调节皮肤渗透性的重要作用。大量研究表明角质层细胞间脂质由约45%～50%的神经酰胺、25%的胆固醇、15%～20%的游离脂肪酸和极少量的磷脂及其他脂质组成。

其中神经酰胺是细胞间脂质的标志性成分，角质层中神经酰胺含量减少可使角化细胞间黏着力下降，导致皮肤干燥、脱屑、呈鳞片状，干燥皮肤中神经酰胺的含量明显低于正常皮肤。

3. 天然保湿因子

天然保湿因子是存在于角质层内能与水结合的一些低分子量物质的总称，包括氨基酸、吡咯烷酮羧酸、乳酸盐、尿素等物质。天然保湿因子是一种低分子量水溶性的高效吸湿性分子化合物，可帮助角质细胞吸收水分、维持水合功能，还可促进酶的代谢反应，有助于角质层分化成熟。过度清洁、相对湿度较低、紫外线照射、年龄增大等因素会造成皮肤天然保湿因子的含量减少。

4. 皮脂膜

皮脂膜是润泽脂质与汗腺分泌的汗液乳化形成的覆盖于皮肤表面的一层透明的弱酸性薄膜。润泽脂质由皮脂腺分泌和角质细胞崩解的脂质共同组成，主要由角鲨烯（12%）、蜡脂（26%）、甘油三酯（57.5%）、胆固醇酯（3%）和胆固醇（1.5%）构成。润泽脂质标志性成分是角鲨烯，它是一种具有高渗透性的天然润滑剂，是构成人体皮脂的重要功能成分之一，具有较强的抗氧化活性。皮脂膜中脂质及水分含量的相对稳定，可维持皮脂膜的完整性，是皮肤屏障的第一道防线。

综上所述，多层致密的角质细胞层缺损、角质层细胞间脂质的含量比例发生改变、天然保湿因子减少和皮脂膜受损是造成皮肤干燥的重要原因。

二、干燥皮肤的表现

干燥皮肤可通过视觉、触觉和自觉三种形式的皮肤表现来进行判断（表7-1）。

表7-1 干燥皮肤的表现

形式	表现（判断要素）
视觉	皮肤表面无光泽度，不通透，肤色暗沉不均匀，有干纹，皮肤易红，可见细小皮屑等
触觉	皮肤粗糙不平整，肤感略硬，弹性差，肤温略高等
自觉	皮肤易热，痒，紧绷，严重时有刺痛感

【想一想】 干燥皮肤的形成与哪些因素有关？

【敲重点】 1.干燥皮肤的成因。
2.干燥皮肤的表现。

第二节 干燥皮肤居家管理

干燥皮肤的居家管理是指顾客在皮肤管理师的指导下按照正确的方法进行居家护理，以改善皮肤干燥粗糙、不湿润、没有光泽度、肤色暗沉等情况，同时树立科学的美容观、养成正确的行为习惯，真正做到科学护肤。

一、干燥皮肤居家产品选择

1.居家产品的选择原则

居家产品是干燥皮肤居家管理中重要的组成部分。需根据干燥皮肤的成因选择适合的居家产品，以增加皮肤角质层的含水量，提升皮肤的滋润度，改善皮肤的屏障功能，这样才能有效改善皮肤干燥状态。相反，倘若居家产品选择不当，会导致皮肤干燥状况更加严重。

因此干燥皮肤居家产品选择原则应以滋润、保湿、修复皮肤防御屏障的安全、温和、无刺激的产品为主。

（1）清洁产品的选择

忌用磨砂类清洁产品、碱性清洁产品（皂基表面活性剂洁面产品）。应选择弱酸性的温和洁面产品，既达到清洁的目的，又可以保持皮肤的自然湿度，如氨基酸表面活性剂洁面产品。

（2）护肤类产品的选择

忌用含酒精或抗敏成分的产品。根据干燥皮肤的成因，护肤产品要选择补水、滋润、保湿、修复皮肤防御屏障的产品，帮助皮肤改善干燥情况，恢复角质层的健康，使皮肤达到舒适、滋润、柔软的状态。

值得关注的是，表皮干燥意味着皮肤屏障功能紊乱，脂质流失、蛋白减少，局部炎症因子释放。屏障损伤引起的皮肤干燥，与皮脂分泌减少引起的干燥机理不一样，单纯地补充脂质效果往往达不到预期。针对屏障损伤的保湿化妆品不仅仅需要补充角质层保湿因子，如神经酰胺、天然保湿因子等，还应当兼顾抗氧化、抗炎、抗细胞分裂的作用，从而减少角质形成细胞分化不全。

（3）防护、防晒产品的选择

紫外线照射会导致皮肤表皮细胞损伤，破坏皮肤的保湿功能，加重皮肤的干燥状况，因此一定要注意防护、防晒。干燥皮肤应避免选择厚重的或刺激性强的防晒产品，应以物理防护、防晒产品为宜。

2.改善干燥皮肤居家产品的常见功效性成分

（1）霍霍巴籽油

霍霍巴籽油可以通过不完全阻隔气体及水分的蒸发方式明显减少表皮水分的流失。霍霍巴籽油作为一种优异的保湿剂，具有易铺展、润滑的作用，在防止皮肤水分流失的同时给人以柔软但不油腻的清爽感觉，并使皮肤更加光滑有弹性。

（2）神经酰胺

神经酰胺是细胞间脂质的主要成分，在保持角质层水分的平衡中起着重要作用。神经酰胺具有很强的缔合水分子能力，它通过在角质层中形成网状结构维持皮肤水分。因此，神经酰胺具有保持皮肤水分的作用。同时，实验研究表明神经酰胺在维持皮肤屏障功能方面也起着十分重要的作用。

（3）泛醇

维生素原B_5，又名泛醇，是一种渗透性保湿剂，分子量较小，可以有效渗透角质层，滋润角质层，有助缓解皮肤瘙痒，刺激表皮细胞生长，还可以使皮肤变得更柔软、有弹性。

（4）透明质酸钠

透明质酸广泛分布于动物和人体结缔组织细胞外基质中。透明质酸钠是透明质酸的钠盐形式，是一种高分子量的直链多糖，作为保湿剂已广泛应用于化妆品中。与传统保湿剂相比，透明质酸钠具有更高的保湿效果，且无油腻感和阻塞皮肤毛孔等缺点。将其加入化妆品中涂于皮肤表面时，会形成一层粘弹性透明水化膜，这层膜具有很好的锁水作用，就像天然存在于细胞间质中的透明质酸一样，能增加皮肤角质层的水分。

（5）海藻糖

海藻糖作为天然糖类属于小分子保湿剂，保湿性强，能有效地保护表皮细胞膜结构，活化细胞，增加细胞的水化功能，可以改善皮屑增多、燥热、角质硬化等皮肤干燥引起的症状。

（6）生物糖胶-1

生物糖胶-1水结合能力很强，即使在低湿度的环境中吸水效果仍良好，同时在皮肤表层形成透气的糖膜，防止皮肤水分再度蒸发。生物糖胶-1同时具有即时和长效的补水保湿作用。

（7）蜂蜜提取物

蜂蜜提取物主要在皮肤的角质层起作用，具有较好的水分调节功效和吸湿性，它可补充皮肤流失的天然保湿因子，增强皮肤角质层的吸水性，可有效调节皮肤中的水分平衡，以保证角质层最佳的水合率，可直接参与角质层的水合作用，使干燥硬化的角质层迅速软化，恢复弹性和柔润性。还具有长效保湿效果，可锁定水分，防止皮肤中水分流失，但无封闭性效果，不影响皮肤的正常呼吸。

3. 居家管理方案调整原则

干燥皮肤是美容最常见的问题性皮肤之一，且当皮肤干燥时，痤疮、色斑、敏感、老化等皮肤问题的症状都会加重。解决皮肤干燥的核心是修复皮肤的屏障，居家方案的调整需遵循以下原则。

① 需补水、滋润、保湿同步进行。

② 当皮肤有热、痒、紧绷、刺痛等自觉症状的时候，乳液剂型、可洗性面膜及面膜巾等产品需慎重选择。

③ 避免在涂抹膏霜之后再使用水剂型或喷雾类产品，破坏膏霜剂型产品的锁水效果。

二、干燥皮肤行为干预

1. 行为因素分析

干燥皮肤的形成与顾客的一些行为因素密切相关，皮肤居家管理时，应对顾客的行为因素进行分析，找到造成皮肤干燥状况的原因并对其进行行为干预，才能更好地改善干燥皮肤状态，使皮肤恢复健康。

常见的不良行为因素有以下几种。

① 过度清洁。使用碱性等清洁力强的洁面产品，过度去除皮脂，丢失水分，减弱了皮肤的天然屏障功能。

② 过度摩擦。使用磨砂或去角质类的产品，频繁使用洁面仪，清洁或护肤过程中力度过大，都会使皮肤防御能力降低。

③ 不重视防护、防晒。防护、防晒在护肤中很重要。有些顾客没有建立正确的防护、防晒观念，在阴天、冬天等阳光较弱时不做防护、防晒，或阳光较强时只涂抹防晒产品，不做物理防护，都可能因为过量的紫外线照射而使皮肤干燥状态更加严重。

2. 正确行为习惯的建立

不当的行为因素影响干燥皮肤的恢复，因此，应注重对顾客进行行为干预，使其在居家护理中养成正确的行为习惯，以获得更好的皮肤状态。

① 合理的清洁。一般每天早晚各清洁一次即可；使用温凉水；皮肤屏障

功能薄弱，清洁需轻柔、慢缓，可选择温和的氨基酸表面活性剂洁面产品。

② 避免过度摩擦。面部护理时，动作需轻柔，切忌反复多次，避免过度摩擦。

③ 避免刺激。避免过度风吹，避免冷热刺激，避免在燥热的环境长时间停留。

④ 做好防护、防晒。避免紫外线过度照射，尽量不在紫外线照射强烈的时间外出；无论阴天或冬天，都需做好防护、防晒；可选择轻薄透气的物理防晒产品，注意物理防护如打遮阳伞、戴遮阳帽等。

⑤ 健康饮食。少食辛辣与过热的食物，减少饮酒。

⑥ 规律护肤。规律护肤是皮肤保持健康、稳定状态的基础，建立规律护肤的习惯也是皮肤状态改善的关键。

3.居家护肤指导

居家产品的使用应遵循清洁、补水、滋润、保湿、防护、防晒的顺序。注意不要过度摩擦或牵拉皮肤，轻柔慢缓均匀涂抹产品至吸收即可。

（1）正确洗脸方法

面部清洁时水温不宜过高，力度不宜过重，手法要轻柔慢缓、由下向上、由里向外。洁面后，用柔软毛巾或洁面巾轻轻擦干皮肤表面的水分即可。

当干燥皮肤有自觉症状时，需先用温凉水将面部皮肤润湿，滋润软化角质后再进行洁面。

（2）正确洗澡方法

洗澡时，先用温凉水将面部润湿，均匀涂抹微脂囊包裹的且轻薄透气的精华油于面部，仰头洗头发，避免喷头热水直冲面部，清洁面部时，需将水温调至温凉水，洗完澡后正常护肤。

洗澡的注意事项：洗澡水温不宜过高，晚上规律洗澡；洗澡时不开浴霸，建议洗澡时间在15分钟左右；洗澡后第一时间护肤；洗澡后避免皮肤因饮食、情绪激动、运动等造成皮肤发红发热。

三、干燥皮肤居家管理注意事项

① 居家管理前须帮助顾客了解自己皮肤干燥问题产生的原因，树立科学

的美容观。

② 须与顾客达成皮肤改善阶段性目标的共识。

③ 须与顾客约定完成行为干预的具体内容。

④ 须帮助顾客掌握如何选择适合自己的产品及产品的正确使用方法。

⑤ 须与顾客约定在居家管理过程中及时反馈皮肤状态变化的信息。

⑥ 须与顾客约定及时总结皮肤改善的要素及方法。

【想一想】 干燥皮肤居家管理有哪些方面？

【敲重点】 1. 干燥皮肤居家产品的选择原则。
2. 干燥皮肤行为干预。
3. 干燥皮肤居家管理的注意事项。

第三节　干燥皮肤院护管理

一、干燥皮肤院护产品选择原则

干燥皮肤的院护产品选择原则是安全、温和、无刺激，以补水、滋润、保湿、修复皮肤防御屏障产品为主。

因此，在选择院护产品时，应选择温和的、滋润度与保湿度兼具的膏霜类产品、微脂囊包裹的且轻薄透气的精华油产品。禁用含酒精或抗敏成分的产品；皮肤有刺痛症状的顾客不宜使用水、乳剂型产品；禁用可洗性面膜、撕拉面膜、热膜等。

二、干燥皮肤院护操作

1. 护理重点及目标

以补水、滋润、保湿、修复皮肤防御屏障为重点，改善皮肤干燥状况，恢复皮肤屏障功能。

2.院护基本操作流程

① 软化角质。先用温凉水将面部润湿，使皮肤达到湿润柔软的状态。

② 清洁。清除皮肤表面污垢，不要在同一位置反复过度清洁。

③ 补水、导润。滋润皮肤，将产品导润至吸收，不要在同一位置反复导润，角质层薄的位置减少导润次数。

④ 按摩。手法要轻柔慢缓，按摩时间在10分钟左右。皮肤有自觉症状的不宜做按摩。

⑤ 导润。滋润、保湿皮肤，将产品导润至吸收，不要在同一位置反复导润，角质层薄的位置减少导润次数。

⑥ 皮膜修护。选用微脂囊包裹的且轻薄透气的精华油涂于面部，帮助加强皮脂膜的锁水能力。

⑦ 敷软膜。促进产品的有效吸收，使皮肤角质层变得柔软、湿润，敷软膜时间10~15分钟。

⑧ 护肤与防护。院护后，应遵循护肤原则进行补水、滋润、保湿与防护，将保湿产品与防护产品依次在面部涂抹均匀。

三、干燥皮肤院护管理注意事项

① 护理前需了解顾客的近期美容史和居家产品使用情况。

② 护理前对顾客的皮肤进行辨识与分析，根据顾客皮肤的状态制定并实施护理方案。

③ 建议下午或晚间做院护。

④ 皮肤有自觉症状的顾客，洁面前需先将面部润湿，均匀涂抹微脂囊包裹的且轻薄透气的精华油于面部，使皮肤达到湿润柔软的状态后再进行清洁。

⑤ 顾客护理后需使用物理防护产品（不使用化学防晒产品及彩妆产品，晚间回家可不洁面）。

⑥ 护理后不宜当天洗澡。

⑦ 护理后不让皮肤出现红、热的情况，如：运动、风吹、吃火锅及吃辛辣刺激性食物等。

⑧ 护理后次日早晨，可用清水洁面，膏霜剂型产品用量可加大。

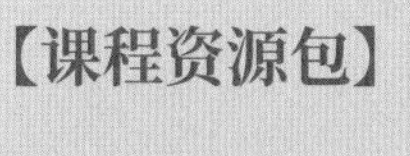

初级实操示例

【课程资源包】

基础皮肤类型护理

【想一想】 干燥皮肤院护的基本流程有哪些？

【敲重点】 1. 干燥皮肤院护基本操作流程。
2. 干燥皮肤院护管理注意事项。

第四节　皮肤管理方案制定案例——干燥皮肤

上海的白女士，35岁。一直受皮肤干燥问题的困扰，她说“我的皮肤又干又暗，容易发红，还经常会有紧绷和痒的感觉，我以前几乎天天敷补水面膜，但我皮肤还是干，而且还变得敏感了”。为了解决这个问题，白女士经过朋友推荐来到了皮肤管理中心寻求帮助。皮肤管理师运用视像观察法对白女士的皮肤进行了辨识与分析。见表7-2。

皮肤管理师在对白女士的皮肤进行辨识与分析时，详细了解了她的美容史和日常护肤习惯，了解到白女士经常会到美容院做一些补水类项目，每次做完项目后，皮肤都会发红发热，这种现象需要3～5天后才会消失，而且她自己在家还会经常敷一些补水面膜。见表7-3。

表 7-2 皮肤分析表（一）

编号：******** 皮肤管理师：仇 **

<table>
<tr><td rowspan="6">基本信息</td><td>姓名</td><td>白 **</td><td>联系电话</td><td>139*******</td><td rowspan="7">润芳可皮肤自测
小程序实例</td></tr>
<tr><td>出生日期</td><td>19** 年 ** 月 ** 日</td><td>职 业</td><td>教师</td></tr>
<tr><td>地址</td><td colspan="3">上海市闵行区 *** 小区</td></tr>
<tr><td>客户来源</td><td colspan="3">☑转介绍 □自媒体 □大众媒体
□其他 ______</td></tr>
<tr><td>工作环境</td><td colspan="3">☑室内 ☑计算机 □室外 □粉尘
□燥热 □湿冷 □其他 ______</td></tr>
<tr><td>生活习惯（自述）</td><td colspan="3">1. 洗澡周期与时间：每天洗澡，时间 15 分钟左右
2. 顾客自述：洗澡后皮肤容易红、热</td></tr>
<tr><td rowspan="14">皮肤辨识信息</td><td>皮肤基础类型</td><td colspan="3">□中性 ☑干性 □油性
□油性缺水性</td></tr>
<tr><td>角质层厚度</td><td colspan="2">□正常 ☑较薄 □较厚</td><td>光泽度</td><td>□好 □一般 ☑差</td></tr>
<tr><td>皮脂分泌量</td><td colspan="2">□适中 □多 ☑少</td><td>毛 孔</td><td>□细小 □局部粗大 □粗大</td></tr>
<tr><td>毛孔堵塞</td><td colspan="2">☑无 □多 □少</td><td>毛细血管扩张</td><td>□无 □重 ☑轻</td></tr>
<tr><td>肤色</td><td colspan="2">□均匀 ☑不均匀</td><td>柔软度</td><td>□好 ☑一般 □差</td></tr>
<tr><td>湿润度</td><td colspan="2">□高 □一般 ☑低</td><td>光滑度</td><td>□好 ☑一般 □差</td></tr>
<tr><td>弹性</td><td colspan="2">□好 ☑一般 □差</td><td>肤温</td><td>☑略高 □略低</td></tr>
<tr><td>自觉感受</td><td colspan="4">□无（舒适） □厚重 ☑紧绷 ☑热 □胀 ☑痒 □刺痛</td></tr>
<tr><td>肌肤状态</td><td colspan="4">□健康 ☑不安定 ☑干燥 □色斑 □痤疮 ☑敏感 □老化
□其他 ______</td></tr>
<tr><td>痤疮</td><td colspan="4">☑无 □黑、白头粉刺 □炎性丘疹 □脓疱 □结节 □囊肿
□瘢痕</td></tr>
<tr><td>色斑</td><td colspan="4">☑无 □黄褐斑 □雀斑 □ SK（老年斑）
□ PIH（炎症性色素沉着） □其他 ______</td></tr>
<tr><td>敏感</td><td colspan="4">□无 ☑热 ☑痒 ☑紧绷 □刺痛 □红斑 □丘疹 □鳞屑
□毛细血管扩张</td></tr>
<tr><td>老化</td><td colspan="4">□无 □松弛、下垂 ☑干纹 ☑细纹 □表情纹</td></tr>
<tr><td>眼部肌肤</td><td colspan="4">□无 ☑干纹 ☑细纹 □鱼尾纹 □黑眼圈 □眼袋 □下垂松弛</td></tr>
</table>

表 7-3　皮肤分析表（二）

编号：********　　顾客姓名：白 **　　皮肤管理师：仇 **

<table>
<tr><td>美容史</td><td colspan="3">1. 过敏史　□有 ____________　☑无
2. 院护周期　□定期 ________　☑不定期 ________　□无
3. 顾客自述：皮肤干燥，用过很多品牌的保湿产品；到美容院做过补水类项目，做完后皮肤会有红、热的现象，3 ～ 5 天才会消失；在家经常做补水面膜；现在皮肤干的现象更加严重了，而且还有些敏感，很苦恼</td></tr>
<tr><td colspan="4">皮肤管理前居家护理方案</td></tr>
<tr><td colspan="4">原居家产品使用：（顺序、品牌、剂型、作用、用法、用量、用具）</td></tr>
<tr><td>晚</td><td>1. Y 品牌泡沫洁面 + 洁面仪
2. L 品牌化妆水
3. L 品牌精华
4. S 品牌乳液
5. G 品牌晚霜
注：偶尔护肤前会先敷面膜贴</td><td>早</td><td>1. Y 品牌泡沫洁面 + 洁面仪
2. Y 品牌化妆水
3. L 品牌精华
4. S 品牌乳液
5. G 品牌日霜
6. G 品牌隔离防晒乳</td></tr>
<tr><td colspan="4">皮肤管理前洗澡后的皮肤状态：
每天洗澡，如洗澡后皮肤红、热，会先敷面膜贴降温再进行护肤。</td></tr>
<tr><td colspan="4">皮肤管理前季节、环境、生活习惯变化后皮肤状态：
1. 到北方城市出差皮肤会有紧绷感，偶尔还会出现脱屑现象
2. 遇到冷热环境交替时皮肤容易红、热、紧绷、痒</td></tr>
<tr><td colspan="4">原居家护理后的皮肤状态：
涂抹产品时，皮肤吸收不是很好</td></tr>
<tr><td colspan="4">原院护后的皮肤状态：
院护后，皮肤会出现发红、发热的现象，3 ～ 5 天后症状会消失</td></tr>
<tr><td colspan="4">顾客签字：白 **
皮肤管理师签字：仇 **
日期：20** 年 ** 月 ** 日</td></tr>
</table>

经过对白女士皮肤的全面分析，皮肤管理师为白女士制定了皮肤管理方案。见表 7-4。

表 7-4 皮肤管理方案表

编号：******** 责任皮肤管理师：仇 **

<table>
<tr><td>姓名：白 **</td><td>电话：139*******</td><td colspan="2">建档时间：20** 年 ** 月 ** 日</td></tr>
<tr><td colspan="4">顾客美肤需求：解决皮肤干燥问题</td></tr>
<tr><td colspan="4">皮肤管理后居家护理方案</td></tr>
<tr><td colspan="4">现居家产品使用：（顺序、品牌、剂型、作用、用法、用量、用具）</td></tr>
<tr><td>晚</td><td>1.REVACL 肌源清洁慕斯
2.REVACL 凝莳新颜液
3.REVACL 水润净颜霜 +REVACL 凝莳新颜霜 1：1
注：每天洗澡时使用 REVACL 肌源精华油滋润面部皮肤</td><td>早</td><td>1. 清水洁面
2.REVACL 凝莳新颜液
3.REVACL 水润净颜霜 +REVACL 凝莳新颜霜 1：1
4.REVACL 护颜美肤霜</td></tr>
<tr><td colspan="4">行为干预内容：
1. 平时使用温凉水清洁面部
2. 减少摩擦，不使用洁面仪
3. 避免紫外线过度照射，选择物理防护
4. 避免冷热刺激</td></tr>
<tr><td colspan="4">院护方案</td></tr>
<tr><td colspan="4">目标、产品、工具及仪器的选择（院护项目）</td></tr>
<tr><td colspan="4">1. 目标：解决皮肤干燥问题
2. 产品、工具及仪器（院护项目）：干燥皮肤院护项目
（1）产品：干燥皮肤院护项目所需系列产品
① 氨基酸表面活性剂洁面产品
② 滋润度与保湿度兼具的膏霜产品
③ 补水软膜产品
（2）工具及仪器：顾客皮肤有红、热及紧绷感，护理时不使用仪器</td></tr>
<tr><td colspan="4">操作流程及注意事项</td></tr>
<tr><td colspan="4">1. 操作流程：
（1）软化角质（2）清洁（3）补水、导润（4）皮膜修护（5）敷软膜（6）护肤与防护
2. 注意事项：
（1）建议下午或晚上做院护
（2）院护洁面前需先将面部润湿，均匀涂抹 REVACL 肌源精华油于面部，使皮肤达到湿润柔软的状态后再进行洁面
（3）院护后需使用物理防护产品（不用防晒及化妆品，晚间回家可不洁面）
（4）院护后当天回家不洗澡，不洗头
（5）院护后不让皮肤出现红、热的情况，如：运动、风吹、吃火锅及辛辣刺激性食物等
（6）院护后次日早晨，用清水洁面，膏霜剂型产品用量加大</td></tr>
<tr><td colspan="4">护理周期：10 ～ 15 天 / 次</td></tr>
<tr><td colspan="4">顾客签字：白 **

皮肤管理师签字：仇 **

日期：20** 年 ** 月 ** 日</td></tr>
</table>

白女士了解了自己皮肤干燥的成因，与皮肤管理师达成共识，共同配合有效实施了皮肤管理方案，45天后，白女士的皮肤干燥问题得到了解决。见表7-5。

表 7-5　护理记录表

编号：********　　　　皮肤管理师签字：仇 **

姓名：白 **				电话：139*******		
序号	日期	护理内容（居家护理/院护项目）	皮肤护理前状态	皮肤护理后状态	回访时间、院护预约时间/顾客、皮肤管理师签字	回访反馈/方案调整/行为干预
1	20**.8.10	□居家护理 ☑院护 干燥皮肤一阶段护理	皮肤干燥紧绷，面颊红、热，偶尔有痒的感觉	皮肤红、热现象明显改善，皮肤滋润	回访时间：20**.8.11、20**.8.13 院护预约时间：20**.8.25 顾客签字：白 ** 皮肤管理师签字：仇 **	回访反馈：20**.8.11 回访，院护后皮肤没有出现红、热的现象 方案调整：/ 行为干预：停止使用洁面仪
2	20**.8.13	☑居家护理 □院护	一天会议后，皮肤有些热	调整霜的比例后，皮肤滋润、舒适	回访时间：/ 院护预约时间：20**.8.25 顾客签字：/ 皮肤管理师签字：仇 **	回访反馈：/ 方案调整：晚间护肤 其他程序不变，霜的比例调整如下：REVACL 水润净颜霜 + REVACL 凝莳新颜霜 1：2 行为干预：不能在燥热的环境中长时间停留

续表

姓名：白 **				电话：139*******		
序号	日期	护理内容（居家护理 / 院护项目）	皮肤护理前状态	皮肤护理后状态	回访时间、院护预约时间 / 顾客、皮肤管理师签字	回访反馈 / 方案调整 / 行为干预
3	20**.8.25	□居家护理 ☑院护 干燥皮肤一阶段护理	皮肤已无自觉症状，干燥状态得到改善	皮肤滋润、舒适	回访时间：20**.8.26 院护预约时间：20**.9.10 顾客签字：白 ** 皮肤管理师签字：仇 **	回访反馈：20**.8.26 回访，院护后皮肤滋润、舒适 方案调整：/ 行为干预：枕巾换成真丝枕套，睡觉时减少对皮肤的摩擦
4	20**.9.10	□居家护理 ☑院护 干燥皮肤一阶段护理	皮肤滋润、舒适	皮肤滋润、舒适、柔软	回访时间：20**.9.11 院护预约时间：20**.9.25 顾客签字：白 ** 皮肤管理师签字：仇 **	回访反馈：20**.9.11 回访，院护后皮肤滋润、舒适、柔软 方案调整：建议顾客添加物理防护产品 REVACL 肌源护肤粉 行为干预：/
5	20**.9.25	□居家护理 ☑院护 干燥皮肤一阶段护理	皮肤滋润、舒适、柔软	皮肤滋润、柔软、通透	回访时间：20**.9.26 院护预约时间：20**.10.10 顾客签字：白 ** 皮肤管理师签字：仇 **	回访反馈：20**.9.26 回访，院护后皮肤滋润、柔软、通透，接下来顾客希望改善肤色不均匀的情况 方案调整：皮肤含水量明显提升，下次护理可根据皮肤状态调整为干燥皮肤二阶段管理 行为干预：/
6	...	...	...	...	...	...

【课程资源包】 

皮肤管理案例——干燥皮肤

【想一想】 如何为干燥皮肤顾客制定皮肤管理方案？

【敲重点】

1. 干燥皮肤顾客的皮肤分析表内容。
2. 干燥皮肤顾客的皮肤管理方案表内容。
3. 干燥皮肤顾客的护理记录表内容。

【本章小结】

干燥皮肤是美容常见的问题性皮肤之一，本章分析并介绍了干燥皮肤的成因及表现，给出了干燥皮肤居家和院护的管理方案，结合真实的皮肤管理案例，使学习者具备制定干燥皮肤管理方案的能力，为调理好顾客的干燥皮肤奠定了基础。

【职业技能训练题目】

一、填空题

1. 正常情况下角质层含水量在（　　）之间，低于10%，皮肤就会出现干燥、粗糙、甚至脱屑等现象。
2. 多层致密的角质层结构、（　　）、天然保湿因子和（　　）是决定角质层含水量的四个重要因素。
3. 角质层中神经酰胺含量减少可使角化细胞间黏着力下降，导致皮肤（　　）、（　　）、呈鳞片状。

二、单选题

1. 干燥皮肤的视觉表现不包括（　　）。

A. 皮肤表面无光泽度，不通透　　B. 肤色暗沉不均匀

C. 有干纹，皮肤易红　　D. 肤感柔软，弹性好

2. 干燥皮肤的院护产品选择原则是安全、温和、无刺激，以补水、滋润、保湿、修复（　　）产品为主。

A. 皮肤损伤　　B. 皮肤防御屏障

C. 肌肉损伤　　D. 皮下组织

3. 干燥皮肤居家清洁产品应选择（　　）。

A. 磨砂类清洁产品　　B. 皂基表面活性剂洁面产品

C. 温和的氨基酸表面活性剂洁面产品　　D. 洁面仪

4. 润泽脂质标志性成分是（　　），它是一种具有高渗透性的天然润滑剂，是构成人体皮脂的重要功能成分之一，具有较强的抗氧化活性。

A. 神经酰胺　　B. 透明质酸

C. 角鲨烯　　D. 胶原蛋白

5. （　　）是一种低分子量水溶性的高效吸湿性分子化合物，可帮助角质细胞吸收水分、维持水合功能。

A. 神经酰胺　　B. 透明质酸

C. 角鲨烯　　D. 天然保湿因子

三、多选题

1. 决定角质层含水量的重要因素有哪些（　　）。

A. 多层致密的角质层结构　　B. 细胞间脂质

C. 天然保湿因子　　D. 皮脂膜

E. 皮脂腺

2. 下列选项中，关于干燥皮肤居家管理注意事项描述正确的是（　　）。

A. 居家管理前须帮助顾客了解自己皮肤干燥问题产生的原因，树立科学的美容观

B. 须与顾客达成皮肤改善阶段性目标的共识

C. 须与顾客约定完成行为干预的具体内容

D. 须帮助顾客掌握如何选择适合自己的产品及产品的正确使用方法

E. 顾客在居家管理过程中不需要反馈皮肤状态变化的信息

3. 造成皮肤干燥的重要原因包含（　　）、（　　）、（　　）和皮脂膜受损。

A. 多层致密的角质细胞层缺损　　B. 透明质酸增多

C. 角质层细胞间脂质的含量比例发生改变

D. 天然保湿因子减少　　E. 黑素细胞的变异

4. 干燥皮肤的自觉表现为皮肤（　　），痒，（　　），（　　）。

A. 易热　　B. 脓疱　　C. 紧绷

D. 严重时有刺痛感　　E. 色斑

5. 干燥皮肤顾客在日常生活中应该（　　）。

A. 避免紫外线过度照射，做好防护、防晒

B. 避免过度风吹，避免冷热刺激，避免在燥热的环境长时间停留

C. 少食辛辣与过热的食物，减少饮酒

D. 避免过度摩擦皮肤　　E. 可使用洁面仪进行皮肤清洁

四、简答题

1. 简述干燥皮肤的表现。

2. 简述干燥皮肤院护基本操作流程。